我的極簡生活練習

填滿生活空間的不該是物品，
而是我生活的重心

我的
極簡生活練習

填滿生活空間的不該是物品，
而是我生活的重心

作者—南垠實

我可以稱自己是極簡主義者嗎？

×

沒有人一開始就是極簡主義者，

如果你也想改變目前的生活，就來當個極簡主義的新手吧！

我決定成為極簡主義者的原因

　　和下了班回到家的老公一起吃晚餐，今晚的菜色有辣炒豬肉、荷包蛋、海苔以及泡菜。即使菜色簡單，但對新手主婦來說已是山珍海味，老公也讚不絕口，我也對我親手做的料理感到自豪。此時此刻的我完全沒想到準備晚餐的辛勞，以及等等隨之而來的家務，只沉浸在這短暫的晚餐幸福時光。

　　晚餐一結束，就把吃完的碗盤放進水槽裡。我開心的哼著歌，戴上了手套。這時老公說：「我來洗碗吧」，聽到這句話的我瀟灑地拒絕他了。接著就在菜瓜布上倒了滿滿的洗碗精，開始刷洗油膩膩的碗盤。在拿起第二個盤子時都還沒什麼，但是，就在拿起第三個盤子的瞬間，哼著歌曲的聲音不知不覺間轉變為參雜著煩躁的嘆息聲。我也不確定是因為這些堆滿在

小水槽裡要洗的碗盤，還是對一吃完飯就要開始洗碗這件事感到後悔，不過能確定的一點是「我不開心！」剛剛應該要給老公洗碗的，雖然當下很想要馬上把手套脫掉，但覺得既然開始洗了，就必須要有始有終地洗下去，所以我就強忍著洗完它。

包含擦拭完水槽周圍的水漬、清洗好抹布，一轉眼已過了40分鐘。好不容易洗完了，但我的心情並沒有因此豁然開朗。人家是說如廁前和如廁後心情會不同，而我是如廚前和如廚後時兩樣情。再加上，看到在客廳沙發上坐著看電視的老公，令我感到更加厭惡，於是把心中不滿一吐為快。

明明是我不讓他洗碗，卻將這事實忘得一乾二淨並向老公發牢騷。才剛享受完和氣融融的晚餐時光，但卻因洗碗一事引起夫妻吵架，而且這種問題經常發生。事後回想其實理由很簡單，就是我不喜歡做家事。

婚後為了生活我必須做家事，雖然說好平均分攤家務，不過因為老公要上班，所以大部分的家務，就由在家時間較多的我一手包辦。結婚初期我們的行李不多，因此不覺得做家事有什麼困難。但家事量隨著我們的結婚生活日漸增長，同時要做的事也隨之增

加。

　　被看作家家酒的家務漸漸成了現實，而我開始感受到壓力。

　　雖然認識「家務」這位朋友的時間不長，但它卻沒有任何一點可以吸引我。為什麼要把人搞得這麼煩躁！家務是如果你沒做就會呈現出沒做的痕跡，但即使認真做，也不一定會呈現出有做過的痕跡。

　　為了吃頓飯，必須要上市場買菜，還要清洗飯後使用過的碗盤。如果碗沒洗，隔天吃飯的時候就會很煩。為了有乾淨的衣服可穿就必須要洗衣服，將洗好的衣物放進烘乾機烘乾後，再摺好放進衣櫃裡，如果不洗很快就會沒衣服穿。還要隨時檢視冰箱或生活必需品，確認有效期限、數量是否充足，如果不這樣做，生活上就會產生各種的不便。

　　也為了避免那樣的狀況，所以我做了家事，自然就漸漸更討厭做家事了。每天早上一睜開眼，就是想著「要是不用做家事的話那該有多好」。

　　終於，我找到了「不用做家務的方法」，苦思許久所得到的結論就是「不要做家務不就行了！」雖然相當簡單明瞭，但卻實行不起來。不管是請人來幫我做家事、還是裝作不會做家事，以目前的情況來說都

是不可行的。所以，我決定想出一個不會討厭做家事的方法，雖然很清楚在這世上不太可能有這種方法，但想想看也沒損失啊。

就在這麼想之際，偶然地看到了極簡主義者一佐佐木典士的影片，看到一個男生坐在空蕩蕩的房間裡，就情不自禁地點了進去。

只擁有必需品來生活的極簡主義者——佐佐木典士的家，和我們不管怎麼整理都還是凌亂不堪的家確實不同，光是用看的都感到很清爽。餐具數量也不多，將所有的餐具拿出來清洗，也不過10分鐘左右的時間。「如果我們家的物品減少，那麼要做的家務也會隨之減少吧！」時間雖短，但對我來說沒有其他更好的選擇，「我現在決定要成為極簡主義者」！

正因為我討厭做家事，覺得太麻煩了，所以決定要成為極簡主義者。

南垠實

Prologue

Chapter 1.
清空多餘的物品

Chapter 4.
重新打造我們的新家

Chapter 5.
明天的我依然在為極簡生活努力著

後記

Chapter1

清空多餘的物品

像我這樣的人，
也能成為極簡主義者嗎？

人生往往不是照著心裡所想的過，就算對未來有相當具體的計畫，也總是會走到別的叉路上。就如同我下定決心，要成為極簡主義者的那一天，我在沒有任何計畫或準備下，就決定成為極簡主義者。即便不久前，還在網路瀏覽器上打開了好幾個購物網站，正苦惱要買怎樣衣服、對想買卻搶不到物品感到非常扼腕的我……竟然要成為只需要極少必需品，就能生活的極簡主義者！

一開始對極簡主義者這個詞雖然陌生，但這種極簡表現馬上就深植我心，有種看起來很酷的感覺。與老公結婚後移民到澳洲已經兩年半了，這段期間我幾

乎每天都是在家裡度過。做家事、寫文章、畫畫或是製作動畫，相較於投入的努力，並沒有太顯著的成果，單純是興趣，但每天依然過得非常忙碌。

　　有時候被稱為作家，極少時候會被稱為動畫導演，有少數幾次被稱為設計者。我的職稱不止一兩個，有時我都不知道該如何說明。雖然能靠著接到設計或繪圖的案子賺錢，不過並不是非常穩定，所以說自己是作家或設計師也有點難為情。但若稱自己是專職家庭主婦，又覺得自己不夠專職。現在終於有一個很棒的詞可以形容這樣的我－「極簡主義者」。

　　一般極簡主義者是指「擁有極少必需品，過著簡單生活的人」。但是過去的我全然不是這種人。我的物品多到堆積如山了，要丟掉又會覺得可惜，是個充滿物慾的人。這樣的我也配擁有「極簡主義者」這個稱號嗎？興奮轉淡的剎那，我體內不常出現的樂天性格跳了出來並這麼說：「沒有人一開始就是極簡主義者，如果有興趣嘗試，就先來當個新手極簡主義者吧」！

就這樣我成為了新手極簡主義者，首先為了配合這樣的稱呼，決定將家中不必要的物品清理掉。之前的我是個樂於收集物品的人，大學時期在學校附近租屋一陣子又搬回自家住的時候；還有離職收拾私人物品的時候，我連一張小紙條都沒丟，那些物品原封不動地塞在家中的某個角落。這種習性連結婚之後也很自然地延續下去，物品堆積的速度，快到連新婚的房子每天看起來都在迅速變狹窄中。不過我並沒有意識到問題，只認為隨著時間累積，物品會增加是理所當然的。

在我下定決心成為極簡主義者後，想說一兩天、長則一週的時間，就能夠把家打造成我想要的模樣。想著把物品「馬上」清空，把我家打造成如同其他極簡主義者的家，空蕩蕩的狀態。不過，沒清理過物品、初次下決心一定要把物品清空的我，只能站在充滿雜物的客廳中環視著屋內，卻遲遲無法動手，感到非常茫然。雖然可以先閱讀如何清理物品的實用工具書，這樣可能比較容易開始，但是當時的我正居住在澳洲，連上網路書店訂購書籍，等待國際宅配的時間都沒有。

所以該怎麼做呢？決定成為極簡主義者的那一刻，就像誓言般堅決，連清理物品也是一頭栽進去，全然不清楚清理物品的工作，是一條多麼艱難的旅途！

永無休止的清理……

1. 一年都過去了，物品還沒
   清理完

還沒結束啊...

2. 比想像中改變了許多

成為極簡主義者
這個決定太對了！

改掉想撿便宜的心態

　　我和老公結婚後住的是一個小坪數的新房，裡面有一間臥室、廁所和廚房，還有一個小客廳。雖然只有一個房間，但兩個人住起來剛剛好，偶爾也感到很寬敞。不過住到第二年時，家中就沒有多餘的空間了，全被物品所佔據。物品多到站在房裡一眼望去，至少超過數百件的雜物堆積。小從一支鉛筆，大至家電用品，看到家中每個角落都堆積著物品，內心都感到煩悶起來，甚至會感到喘不過氣，到底這麼多物品是從何時開始放在這裡的呢？

　　當初搬來這裡，懷抱著新婚的熱情，特地準備了許多生活必需品。根據每樣東西的位置和需求擺放，還費盡心思裝潢以及購入家電、傢俱。何時何地買的、買了多久，都清清楚楚地記在大腦裡。

可是，在那之後購買的東西就不同了。「這什麼時候買的？為什麼要買？」有時候都想不起來，為何這東西會出現在家裡，我的家被這些記憶模糊的物品給塞滿了。生活空間都被這些無意義的物品佔據了，我感到很生氣，但是現在後悔也沒用。認命地把那些在各角落的物品搬出來清理的同時，試著找出擁有該項物品的原因，也算是一種檢討吧。

雜物會多的其中的一個原因是「親友的溫情和幫助」。我不清楚這是在澳洲居住的韓國人文化，還是大家本來就會對新婚夫婦熱心幫助。自從結婚後鄰居會給送我們許多家用品，「這妳有需要就拿去吧！」新手主婦的我每次聽到這句話，都會像被催眠似的，覺得我有需要，並且真的會用得到。

免費贈送的東西就像省錢或撿到寶一樣，所以也不拒絕地立馬帶回家。我滿心歡喜的把帶回來的物品擦拭乾淨，然後就馬上放在廚房櫃子的上方或角落，相信某天總會派上用場，但可惜的是這些東西大部分都依然安穩地坐在原位。而在拿到不成對的玻璃盤套組時，想說這個可以裝冰淇淋來吃，還期待也許某天

可以裝著精緻的甜點來招待客人。

　　不過，對粗枝大葉的我來說，將玻璃盤放在櫥櫃最上層，使用上太勉強了。不只如此，在收到碗盤的那天，清洗時就弄破了一個，真的非常無言。把塑膠醬料罐帶回來，也只是因為它是全新的，就是一種「不用錢」的心情。我還計畫要在這罐子裡放入糖、鹽、辣椒粉。但傷心的是將塑膠醬料罐收納在上方後，就一次也沒拿出來過。而且坦白說，雖然外觀薄荷綠和草綠色的塑膠醬料罐，拿出來擺飾也算漂亮，但就不是我喜歡的款式（那到底當初為何要帶回來）？

　　除此之外還有我不喜歡的香草、不好穿的拖鞋、畫有陰沉圖畫的杯墊……等，這些雜物全被我帶了回來。這些物品一、兩個聚集起來後，就造就了我家雜亂的狀態。明明不實用，最後拿回來的物品大多也都是落得丟掉的下場，重點是我為此一點都不感到可惜。但現在我反省了一下，過去被我隨意帶回來的物品，如果我沒有拿回來，說不定可以給比我更有需要的人使用，且更能妥善發揮效用。

甚至還有已經拿回來超過兩年，卻一次都沒拿出來使用的物品，那些對我來說就是不必要的東西。就算這樣，也總是自我安慰「總有一天用得到」，搞不好一切問題的起源就是這句「總有一天用得到」。

我不想進廚房

　　我們四處去看房子，最後會選擇這間房子成為我們的新房，最大的原因就是廚房。這間房子是在我出生那年建造的，屋齡相當老。不過廚房在幾年前有重新整修過，所以很乾淨。水槽邊有個很大的對外窗，早上的日出到日落光線都照射得進來，水槽的對面有個寬廣的流理台和櫥櫃。用白色磁磚和黑色人造大理石裝飾的廚房，看起來很寬闊舒適。光想到能和老公在這裡做美味的料理，心情就很好。

　　當時我想著一定要住在這裡，也幸好我們和這間屋子很有緣，最終還是搬了進來。不過被傢俱和個人物品給佔滿了，已經不同於我最初著迷的模樣，明明原本是個光線充足的地方啊。

不知不覺變成了一個凌亂不堪、堆滿雜物的空間。大概也因為這樣，不知從何時開始討厭廚房的吧。一進到廚房就感到很憂鬱，心情很沉重。因為進廚房要忙的事就相當多，所以平時沒事都不想進廚房。在廚房感受到最煩悶的地方，就是放有微波爐的流理台，相較廚房空間，體積多少有點過大的34L微波爐，佔據了入口處的位置，遮擋了我的視線。

　　因為經常使用到的快煮爐、三明治機、不鏽鋼碗等料理器具，所以都將它們拿到櫥櫃外面擺放。雖然是為了方便，但因為不懂收納的我和那些不清楚用途的物品起了加乘效果，使廚房的情況變得更加雜亂。即便都已經這個樣子了，我還是不知道應該清理掉哪些東西才好。

　　在毫無成效下進出了廚房幾天後，終於發現有樣看不順眼的物品了。就是無法發揮作用且佔據了整個流理台的微波爐！「為了更方便使用流理台，要不先把這巨大的微波爐清掉吧！」微波爐對某些人來說是必備家電，但對我們夫婦倆卻不是。我們的微波爐主要用來加熱熱敷袋，或是熱地瓜和馬鈴薯來吃。

而且平均一個月只使用一次，就算沒有了這項家電，生活也絲毫不受任何影響。一開始是因為抱持著學習的動力，覺得家裡好像要有一台微波爐才買的。但我們兩個人都不太懂得如何使用微波爐，平常料理都用瓦斯爐，而且廚房還有個嵌入式烤箱，用途多多少少有些不同，但比起來烤箱的使用率更頻繁。而微波爐也就自然而然地無法發揮它的用途，有的也只是繼續霸佔那個位子。

　　因為要成為極簡主義者，所以對微波爐的存在產生了疑問。「要把微波爐清掉嗎？還是不要？」在和老公小小的討論過後，我們決定把它以二手價賣掉。於是馬上把流理台周遭東西擺放整齊，將微波爐擦拭乾淨後拍照，上傳到二手拍賣的社群網站。幾天後，出現了買家，就這樣送走了在我們家待了兩年的微波爐，而將微波爐清空後的廚房，感覺變化很大。

　　沒有了微波爐，廚房的視野變得更好，同時該整理的物品也一目瞭然。放置在微波爐上的碗盤、流理台上隨意堆放的煎餅鍋鏟、以及廚房收納櫃裡面不必要的雜物等等。往後用得到的物品全收到了收納櫃裡

面，然而不必要的物品就以低廉的價格賣掉或是免費送人，甚至有的物品也都果斷地丟掉。

　　在看到寬闊的廚房雖然有一點空虛，但同時也感受到成就感和心曠神怡。雖然不是我當初一見鍾情、空無一物的樣貌，但變得比之前的廚房更棒了！但是我為何依舊不想踏進這個空間……?！

不要隨便讓收納櫃進入房間

在新婚家住了5個月左右，原先只需步行5分鐘就能到達表哥家。不過他說打算搬到其他社區住，並決定丟棄幾樣傢俱，還說「如果妳有需要的就拿去吧」，我一聽到這句話就直奔表哥家。他們決定丟棄大部分的傢俱再買新的，對我來說可是有相當多的選擇，最後我只選擇一個黑色三層櫃。

費盡心力把櫃子上的髒污仔仔細細擦拭了一遍，然後把它擺放在靠寢室的某一面牆。寢室裡多了一個黑色櫃子，空間雖然看起來有點窄，但內心反而踏實。櫃子並不是很必要的物品，但比想像中還要來得實用。我們不用太過努力，物品就像是在等著櫃子的

到來般暴增許多。

決定將擺在其他櫃子上亂糟糟的雜物，收到黑色櫃子裡，使寢室看起來更加整潔。果然黑色櫃子沒令我失望！「我的選擇是對的！」但這個想法也只是短暫的⋯⋯。

其實我的選擇是錯的，我不應該把黑色櫃子帶回來的。雖然外面看起來乾淨俐落，但其實也只是把雜物全都塞到櫃子裡而已。櫃子裡的東西塞得雜亂無章，就算要拿出需要的物品使用，也要大費周章東翻西找才找得到。隨著時間流逝，黑色櫃子變得慘不忍睹，我也沒有想要再次整理內部的念頭，只能裝作看不到，有的只是把東西拿出來再放進去的例行公事。

情況漸漸惡化，就連櫃子的上方，不知何時也變得雜亂不堪。來不及放進去的物品就直接先堆疊在櫃子上方，若沒有空間可放就散落一地也是家常便飯。每當那時候就會很神經質的將物品都撿起來，然後又隨便堆放上去。偶爾會配合大掃除的日子來做個分類，不過也就只有那一天。之後又會再度隨性了起

來，而灰塵也很勤奮地往上頭覆蓋。

物品當然是不會自己移動，犯人另有其人，而且還有共犯，就是我和我老公！

黑色櫃子到我們家也兩年了，老公和我決定將黑色櫃子清空。裡面到底塞了哪些東西我們無從而知，但似乎是到了該將這老舊櫃子送出去的時刻了。

第一步，先將裡面所有的東西全都拿出來，並把這些物品整理到其他櫃子。也就是說，其他櫃子裡的物品也該緊張的意思。任務是將三個櫃子裡的物品分散到兩個櫃子裡！我和老公坐在地板上，從襪子、內衣、書籍、藥品、多餘的毛巾、其它的雜物裡挑出要留下的東西。雖然感覺好像辦不到，但冷靜下來仔細思考，也能跟著減少其他櫃子內的物品。

就算只清空一個櫃子，但寢室裡的空間看起來卻變化很多。少了黑色櫃子，房間一下變得明亮起來，不同於之前的舒暢感。此刻，我頓時體認到一件重要的事實，減少了可放空間，就能做出理性的判斷。因為東西不可能孤零零地放在地板上，無論如何需清出空間後才放進去，就如前面所述，櫃子不是生活必需

物品。

　　就因為免費都好的貪念，才造成只要有多餘的收納空間，就越容易整理的錯覺。原本認為隨著時間增加，東西一定會越來越多，所以需要一個新的櫃子，才將黑色櫃子帶回家中。結果物品隨著櫃子的容量增加，而又要再一次清理掉，自己真的活該找罪受啊！

延長櫥櫃的生命

沒有衣服穿的原因

「總有一天會需要這件衣服」的錯覺

在社會新鮮人時期為了要釋放壓力，沒有其它方式就只能靠購物來抒壓。到了發薪日就開心地去買衣服，而心情不好的時候，也是要上街買點什麼才能夠氣消（當時上班的公司很接近新沙洞林蔭大道）。有時候沒特別發生什麼事，但走在路上也會想著要不要買件衣服，然後就走進了商店。當然昂貴的衣服我是想都不敢想，購買便宜的衣服也是可以感受到購物的快感，而對於不充裕的荷包我則盡力不去面對它。

我很喜歡去新沙洞林蔭大道或明洞，因為只要在同一個地方，就能完成所有的購物。為了有效地計畫

性消費，事先做好了一份購物清單才出門。不過只要看到櫥窗上掛著促銷廣告，或是看到陳列中的漂亮衣服，就算不在清單裡，仍然像是被催眠般自動走進賣場。有著姣好身材和漂亮臉蛋的模特兒，穿得那件衣服就掛在花車上，明知道穿上了也不會有模特兒的感覺，但我深信穿上了我會變得更漂亮，而買了這件衣服，想當然爾這件衣服並不在原本的購物清單內。

我認為服裝是最容易改變我外在模樣的一種方法，想改變臉蛋和體型需要堅持不懈地努力，但「一件漂亮的衣服」相對地能更容易、更快速修飾我的外在。為了一一補強我外貌不足的地方，我無時無刻都在買衣服。當然穿上模特兒款並不會變成模特兒，但即便經歷了好幾次這樣的經驗，我仍然會像被催眠般相信這個方法並再度消費，結果重複著與期待不同而失望的輪迴。

輕易揮灑賺來不易的金錢，因結果未如期待而導致心情低落（和食物不一樣），但我認為幸好衣服可以留著以後穿。但是最終那些衣服也都是安詳地在衣櫃裡沉睡，一次都沒拿出來過，連陽光都沒照過，就靜靜地躺在裡面，漫長地等待著我。

只要有一件就賺到了？

在婚前我的財務就像是口袋破了洞般花錢如流水。在婚後，就只有在需要用到錢時，才會向個性務實的老公拿（是兩個人協議過後都滿意的狀況）。沒有固定月薪的我，跟上班族時期比起來，雖然經濟難以自由，但是購物和消費慾望仍不減當年，依舊一定要透過消費才得以滿足，這一點毫無改變。

因此我的消費雷達會自動掃描到「半價優惠」的促銷。澳洲中低價位的品牌「SPA」，每一、兩個月就會有一次在發行新商品時，既有商品會降價30~50%。所以剛過季的衣服只需10~20澳幣（約台幣222~416元）就能買到。過季也沒關係，因為重要的是購物這件事！

社區內有間大型購物中心，只要打折季一開始，大家馬上就會知道。因為到處貼著大大的「半價」或「SALE」字樣，這多令人熱血沸騰啊！想要振作精神，就把幾個購物袋掛在手上。就算買得再多，頂多也只是一件新品的價格而已，完全是撿到便宜的心態。不過這些以低廉價格購入的衣服，也僅穿個幾次

後就塵封在衣櫃裡。

　　衣服款式雖然不錯，但卻不是我想穿的衣服。便宜的衣服本身沒有問題，但是就算價格便宜，也一定要是我喜歡的衣服，或是CP值高的衣服我才會時常穿它。便宜的衣服最大的問題在於價格低才會衝動購買，在買昂貴的衣服則會仔細比較材質和款式，然後想它個十遍八遍，甚至還會去繞商場一圈看看其他家服飾店。即便最後回到原店家，也會再度思考一番，目的就是不想買了之後後悔。不過，便宜的衣服就如同它的價格，購買起來輕鬆許多，所以消費、擱置、丟棄，就是我長久以來衝動消費的模式。

　　內心想著「只要有一件就賺到了」，實際上根本什麼都沒賺到，只有不斷地浪費金錢而已。我的衣櫃就這樣變得亂七八糟的，只講求要有購物的快感，卻不管我是否需要或真心喜歡。就算是我不喜歡的衣服，但也會認為多一件放著也是好的。

　　只要一看到這亂糟糟的衣櫃，我就會開始嘮叨，怪衣櫃太小導致無法整理分類。我的腦中都還沒想到

要換掉這令人煩悶的衣櫃，就又買了新衣服進來，然後擱置在旁邊，還自我安慰是因為沒有衣服可以穿，才又買了新衣服。

　　現在我知道了，這亂七八糟的衣櫃百分之百都是我的不對。可以拯救衣櫃、家和人生的，就只有我自己了！現在我要來拯救這慘不忍睹的衣櫃了。

　　……但是我辦得到嗎？

衣服很多，卻沒有喜歡的

　　新婚房子雖然小，但幸好寢室裡有設計個壁櫃，寬2公尺、高至天花板。衣櫃的大空間不僅放我和老公的衣服，連裝家電用品的空箱子、不清楚用途的東西也都放在箱子裡塞了進去。不過衣櫃卻擁擠到沒有一絲的空隙，多虧了衣櫃門是滑軌設計的，所以隨時都打得開。

　　衣服多到這種程度，就算不是時尚明星，好歹也該聽到聲「好有型」的稱讚吧！但是家裡就唯獨老公和我兩個人，也沒什麼好誇獎的。嘴上直說著沒衣服，其實每天穿的衣服就那幾件。要約會的時候，老公和我會苦惱要穿什麼衣服出門，也因為無法確切知道哪件衣服放在什麼地方，將整個衣櫃都翻箱倒櫃找

一遍，就算想起來放在哪裡，但想要穿的衣服放在最裡面，也必須先把前面的衣服全都拿出來才行啊！

而且收納剛洗好的衣服也很沒意義，因為摺得漂漂亮亮地一放進衣櫃的那刻起，就會變得皺巴巴的，還不如就直接塞進去不要摺。最後乾脆將隔天要穿的衣服，直接曬在客廳裡的晾衣架上還更省事。到底問題是什麼呢？壁櫃的收納系統雖然不是很完善，但也是有部分的效用在，不過比起會穿的衣服，不穿的衣服多出更多倍才是最大的問題吧！

因為我現在的目標是要做個極簡主義者，所以看到這雜亂的衣櫃，我沒辦法坐視不管。我下定決心「必須要把它恢復到整齊的面貌！」並將全部的衣服都放到床上，好好挑選出要穿和不穿的衣服，這是個非常艱難的工作。甚至還有些衣服是從韓國搬過來時帶來的，但放進衣櫃後一次都沒拿出來過，看到這些被塞在衣櫃裡的衣服，覺得很氣憤又無奈。

「早知道會這樣，就不該這麼辛苦帶過來！那麼就可以買更多衣服了（？）」

長時間的擱置下，衣服都變色發黃了。以後這件衣服要不要穿，我們都要果斷的做決定，先挑出常穿

的衣服將它們一一摺好，或是吊掛在衣櫃裡。

　　絕對不會穿的衣服，就果斷地丟進塑膠袋，若覺得丟掉會有些可惜，就先堆放在床頭。這樣說起來會覺得分類相當簡單，但是也須花上大半天的時間。衣服一件件試穿後，還要照鏡子打量一下，考慮是否有其他衣服可以搭配。最後總算整理出三大袋不穿的衣服，沒想到不穿而只佔衣櫃空間的衣服竟然這麼多！

　　花了好長時間清理衣服時才發現，塞滿衣櫃的不單單光是衣服而已。這個空間被慾望、虛榮心及對物品的執著給佔滿了。但你都不知道，那份情感能和衣服一同打包整理掉，是多麼舒服的一件事！要不然我那負面的情緒，只會和新衣服一起繼續滋長而已。用輕鬆的心情環顧衣櫃四周，想像它變得更加乾淨的模樣……，不過更驚人的是，整理過後的衣櫃，依舊被衣服塞得滿滿的。

　　「怎麼會這樣！那麼這塑膠袋裡的衣服又是從哪裡冒出來的」？

在丟衣服前，先問問老公

在整理面前變得瀟灑的我們

真的很想直接把衣櫃丟掉

　　在成為極簡主義者之後，我最不滿意的就是衣櫃。這衣櫃完全影響我的心情，還差點讓我放棄成為極簡主義者。衣櫃混亂的狀況難以形容，只覺得裡面都沒有我想穿的衣服，卻又沒有可以丟的衣服！

　　我甚至想把整個衣櫃拆起來扔掉，或是把所有的衣服都清空之後，只放進整潔、舒適以及我喜歡的衣服。不過這根本是天方夜譚，把好好的衣服丟掉確實很浪費，而且也沒有足夠的經濟能力一次買齊所需的衣服。所以又再度大規模挑選出「不會穿到的衣服」，開始了「衣櫃大換血」的時間，將該清的清、該留的留。

為了打造成我喜歡的衣櫃，我一天會打開好幾次衣櫃來看，不管是經常穿的衣服、還是看起來以後不會穿到的衣服。衣櫃裡充斥著滿滿的眷戀，「這件是那個時候買的」、「這件是那個時候穿的」，我總是會陷入回憶的漩渦，導致無法輕易做決定。但是必須要把不穿的衣服給處理掉！我沒辦法再看它們繼續留在這裡了。

陪伴我13年的愛迪達運動外套

　　2006年3月，開始重修的我（我是重修生），跟媽媽吵著要買一套愛迪達運動服。媽媽問：「妳是說只要穿了這套衣服，妳就會用功念書嗎？」如果只能穿一件衣服去上學，那我一定會選擇穿愛迪達運動服，因為我覺得很有型。這裡面包含了我要用功念書，也沒有時間購物（這不是廢話嗎）的意志。不久後，我手上真的提了一套愛迪達運動服回來了。我幾乎每天都穿著它，去圖書館也穿它、到美術學院也穿它，完全不在意他人的視線。其實即便想穿其他件衣服，但也沒有可以穿的。

因為我太常穿它，所以穿了約兩年左右，褲子就因為太舊而必須丟掉。不過外套的狀況相對良好，所以連我20幾歲時，每年春秋季都還是會穿著它。時間飛逝，當到了我30歲時，一晃眼愛迪達運動外套買回來已經有13年了。

　　就算這樣，那件運動外套還是依舊放在衣櫃裡某個角落。雖然我已經是大人了，但這件衣服卻是我在最低落、最辛苦的時候，買回來的第一件衣服，它承載了我最重要的重修生時期和大學生活的回憶。而且，會一直保留這件衣服的原因，也是我想「某天還會再穿到它」。

　　雖然我希望能穿著運動感十足、休閒的外出服出門卻總是失敗。對不同於現在穿衣風格的我來說，它已經不再適合我了。實際上有幾次在出門時穿上它，但又會馬上把它換下，要是再回到那個時期，我就一定會穿它。但仍覺得以後會有需要穿它的時候，所以又繼續把這件衣服留下來。

　　不過最近幾年我真的都沒有穿過它、或是想穿它出門的慾望，確定了以後不會再穿它，所以我決定把衣服和眷戀一併清理掉。

　　我在想該怎麼處理它會比較適合，要賣好像也不

好賣，「捐出去嗎？」我又遲遲沒有動作。這時突然想起了我的小姑，送給小姑一來也不會感到可惜，二來內心也能減少和它離別的痛苦。於是我拿了其他幾件衣服和愛迪達運動外套一同打包好，送給了欣然接受的小姑。不過我並沒有告訴她這件外套的故事，我只希望她能偶爾穿穿我送給他的衣服就好了。

牛仔裙只要一件就夠了

大概在2017年7月時，我買了一件白色牛仔裙，那時這件牛仔裙正在做50%的特賣活動。本來衣服我都只留下比目前身形大一個尺寸的，但因為這件很便宜，正好也覺得需要一件牛仔裙，於是毫不猶豫買下它（50%特價大大動搖我的心）。

又到了隔年的夏天，到社區百貨公司逛逛是我的小確幸，這次在觀賞新品服裝時，看到了一件我很喜歡的淡藍色牛仔裙，我想到家裡還有一條牛仔裙，其實不需要再買了，不過那時候的我還不是極簡主義者，所以就馬上手刀購入，重點是它還不是特價商品！

就這樣，我有了兩條不同顏色的牛仔裙，想說可以輪流穿，不過我更喜歡新買的牛仔裙顏色，尺寸也更合身，所以白色牛仔裙我看都不看一眼。當然也就沒有遵守要輪流穿的計畫，失寵的白色牛仔裙也就漸漸被我丟到角落。

整理衣櫃的同時看到了白色牛仔裙，雖然覺得很對不起它，而且我之後似乎也只會穿淡藍色牛仔裙，所以決定果斷地將它清理掉。不是只有牛仔裙，現在對我來說，差不多款式的衣服只要有一件就夠了！

穿出去會不開心的衣服

有些衣服是覺得丟棄很可惜而丟不下手、棄置在衣櫃裡。有價格貴的、捨不得丟掉的、顏色和我不搭的、還有原因不明但我不會穿的衣服。理當不穿的衣服就該快速清理掉，但奇怪的是就是會有某種執著。

我決定穿看看這些不是我喜歡的、但又不想丟的衣服外出，說不定穿著穿著我就會喜歡上它們了。但是這個方法整個大！失！敗！因為穿了件不喜歡的衣服，所以在外面時會一直把注意力放在衣著上，導致久違的外出心情變得一團糟。內心只想著快點回家，那個時候我就會覺得自己看起來很醜，不自覺的憂鬱

起來。

　　開始整理衣櫃之後，也會苦惱要不要清理掉那些「執著的產物」，終究在無法做出決定的情況下，決定再將它們穿出門一次看看。果然還是不開心！一整天都在不自在中度過，我一回到家就馬上把那些捨不得丟的衣服全拿出來，全部都拿去舊衣回收中心吧！避免自己後悔，乾脆把它們送得遠遠的。
　　「把捨不得丟的衣服都丟掉吧！」讓衣櫃和我的內心都變得明亮通暢，果然我這樣的人就是要經歷過，才會徹底覺悟啊！

不好搭配的衣服
　　我想減少衣服的數量，只留下我最喜歡的和適合我風格的衣服。有的雖然好看，但是卻沒有其他可以搭配的衣服。設計簡單的衣服能和各種風格做混搭，但是華麗、特殊的衣服，和我目前現有的其他衣服都搭不起來。
　　在選擇要搭配的鞋子或包包時也會有影響，若我買了一件洋裝，會產生購買適合的配件來搭配的風險。如果不是既有的穿著風格，很多時候會找不到可搭配的鞋

子或包包。所以只購買風格相似的物品，是種不浪費衣服的方法。

　　我甚至做了一個小實驗，把華麗且難搭配的衣服全都放到衣櫃裡，想看看我會不會去拿出來穿，結果一陣子後我根本忘記了，並且完全不會想要拿出來穿，所以還是購買自己常搭配的服飾就夠了。

　　所以我決定果斷地捐出去，反正有比我更適合穿它的人。而將過於華麗的衣服清理完之後，原本因為猶豫不決而無奈的心情，突然一下子變得輕鬆自在，真是早就該清掉的。

　　衣櫃終於整頓完成！從形形色色不穿的衣服、丟掉感到可惜、穿上會彆扭的衣服全數清理完後，衣櫃就能呼吸了。並非只有衣櫃的外觀變好看了，連衣服和我的關係也變好了。一旦減少了衣物數量，我比之前更加珍惜我的衣服。

　　清理掉不喜歡或不想穿的衣服後，也才知道我需要怎樣的衣服。我不需要流行的或超華麗的衣服，而且還意識到了衣服並不是多就好的事實。現在我夢寐以求的是「小而美的衣櫃」。

〈極簡後的衣櫃〉2020年版

外套　　短袖T　　黑色裙子

黑色褲子　　牛仔褲　　白襯衫　　黑色洋裝　　背心洋裝

外套　　帽T　　短褲　　休閒褲

高領T　　長袖T　　大衣　　羽絨外套　　圍巾

無袖背心　　運動服　　漁夫帽　　毛帽

清理充滿兒時回憶的物品

　　在清理物品中難度最高的，就是具有「幼時回憶」的東西。其他物品就算被丟掉，如果有需要，隨時都可以再買新的，或是買個更好的。不過有回憶的物品若是這一次丟了，永遠就要說拜拜了。也可能再也買不到一模一樣的，或是買得到也少了許多我的痕跡，因此也沒有擁有的意義。所以在整理有回憶的物品時，需要花很多時間來思考。

　　首先，將有回憶的物品全都裝在一個箱子裡，然後訂定一個清理的標準。如果是我依舊很喜歡的東西就收藏起來，如果對我沒有任何意義、或是這東西只要放在心裡懷念就行了，就算覺得可惜，但還是要跟它說再見。以「實用性」的與否來決定要不要清理這

項物品，而其他物品也可使用類似的方法。

從小就喜歡買筆記本的我

我從小就很喜歡收集小本子或筆記本這種東西，只要有了零用錢，我就會跑到文具店去挑選我想要的筆記本。從我們家搭公車約兩、三站的距離，有一間文具量販店，店裡隨時都會看到小學生在流連。從10元的小冊子到500元的高級精裝筆記本都有，只要我一拿到零用錢，就會和朋友們去文具店盡情挑選。就算二十年過去了，現在我還保留了各式各樣的小冊子和筆記本。

筆記本的數量雖多，但收拾起來相對輕鬆。有人買了筆記本會認真地裝飾它，不過我就沒有這種才能了，連現在的我也依舊如此。我也努力想和其他朋友一樣，將日記本裝飾的很豐富，但通常寫個一兩頁就丟在一邊。原本想説過二天再來持續寫下去，結果也是忘得一乾二淨。反正我就不是個喜歡在本子上「記錄東西」的孩子，我單純就只是個喜歡「買」本子的小孩。

奇怪的是，在極少的日記中卻也有我喜歡的部分，那時候我就會把那一頁撕下來放到箱子裡。雖然僅是短短一句話，卻能完整地感受到我當時的心情，所以我想把它留下作紀念。

相反的，空白的筆記本就很容易清理。現在長大了，小時候留的小字條，反而比物品本身來的更加珍貴。

興趣是與同學們互相寫信

在我讀小學、國中時，寫信給同學是我的興趣之一。當時我買了流行的「空空二」（音譯）和「蘇達美」（音譯）人物的信紙，一天就可以寫好幾封。也和同學相互交換漂亮的信紙，當然信的內容與空白的信紙沒什麼分別。在課堂中寫的內容不外乎就是「好想睡、好想回家、肚子好餓⋯⋯」不斷地重複這些內容。

雖然覺得可愛，不過覺得沒有收藏的必要，所以就丟了它。另外也發現了其它內容的信紙，像是對我表達愛意的情書，我就會保留下來捨不得丟（哈哈）。雖然相處時間短暫，但想到那時期一起哭、一

起笑的朋友們，內心就會感到很溫暖。

　　小時候的我，只要一張漂亮的信紙就可以開心很久，雖然很懷念，但將這些信紙清理掉也不感到可惜，因為那些純真的回憶都已經刻印在我的腦海裡。

註：空空二和蘇達美為韓國卡通人物。

獎狀不是我的物品

　　筆記本或信件，百分之百是屬於我自己的物品，所以我可以依照我自己的意思處理它，不過獎狀、獎盃就不一樣了。這上面寫著我的名字、提到了我的成果，事實上，我不確定這是不是在父母的關心及努力下才得到的。

　　可能只有我是這麼想，所以我打算對媽媽做一個小小的實驗。在要丟棄的物品中，塞進我小的時候（大概六歲的時候吧），獲得的一個塑膠製獎盃，然後觀察媽媽的行動。果不其然，媽媽把那獎盃搶了過去並說：「為什麼要把它丟掉？」不久後，我試探地問：「我的獎盃和獎狀可以丟嗎？」媽媽果斷地回答我：「不要丟，把它們都給我。」這時我才確定，對現在的我來說，那些獎項可能沒有什麼意義，但對媽

媽來說是含有特別回憶的物品，所以我決定把全部的
獎狀和獎盃都留在娘家。

　　同樣的，對我沒意義、但如果是別人想要珍藏的
物品，我就不會把它清理掉。

照片就留著吧

　　可能有人會感到失望，但是我對清理照片這件事
很早就打消了念頭。

　　原因很簡單，因為我很喜歡翻閱相簿。包括父母
親年輕時的照片、老公小時候的照片，我都很喜歡
看。用指尖觸碰到照片的同時，就像是聽到父母在對
我訴說小時候的故事，也可以想像那個時期的歡樂。
之後如果有了小孩，我也想和孩子分享相同的回憶。

　　把照片一張張掃描進電腦成數位化，然後將紙本
清理掉也是一種整理的方法。可是要掃描這麼多照
片，以及將檔案存到外接硬碟也不是件輕鬆的事，所
以我決定直接收藏起來就好。對我而言，照片不是只
有單純記載回憶的物品，更是我最喜歡的物品其中之
一。

給未來的我

若是持續減少物品,

要丟的

說不定也不會留下含有回憶的物品給未來的我

回憶的物品

這樣也沒關係

回憶的物品

比起物品,我想要給未來的我更有價值的東西

來,給妳

?

現在的我也不知道會是什麼,所以很期待

清理物品時，
請這樣問自己

　　家中物品若過多時，我會豪不猶豫地處理掉，那是因為這些物品清掉也不覺得可惜。不過時間越久，物品的數量越來越少，所以清理時思考的時間也越長。我根本沒辦法判斷，我手上的這樣東西是否要丟掉，我以為我是個很容易做決定的人，但也許是一直不斷在清理物品，我告訴自己要極簡、要斷捨離，但可能壓力太大了，也沒有適度放鬆，最後的清理進度幾乎龜速。

　　這時候好希望有人能告訴我答案，不過最了解我內心的人也只有自己。所以為了消除內心的煩悶，我開始自問自答，並且放慢自己的整理速度。

可以問自己：「這個可以丟掉嗎？」「這個我還用得到嗎？」這方法出奇的有用，透過提問能夠更加客觀地回頭審視自己。雖然整理物品的時間會變得稍慢，但至少不會做出後悔的決定。

1.為什麼需要的物品還是感覺很多？

我從來不覺得我擁有的物品已經夠多了，在空曠的空間裡隨時都感受到不足。當物品缺乏時我就會感受到困擾和空虛，想要填滿的慾望當然就會增加，也增加許多不必要的花費及雜物。

以前的我，明明對廚房用品不感興趣，就算明知我們家沒有這些東西也可以。但我每次看到那些漂亮的碗盤或是高級茶具組，都想把它們帶回家。就算每次看到被塞爆的衣櫃，就會在那唉聲嘆氣的我，但只要一看到漂亮的衣服，還是認為就是缺少這一件，所以一定要買才行。在家中只要發現有留白的地方，總是想用盆栽或傢俱將它填滿，因為我覺得東西越多越好。

現在的我是覺得東西越少越好，並更積極證明這

些物品是不必要的。這樣一來，才會好好認識到我的生活，例如：平時過的是怎樣的生活、怎樣的飲食習慣、在家中如何打發時間等等。

我比誰都要了解自己的生活，而且也明確知道什麼樣的物品是我需要的。雖然物品的數量比之前少了很多，但是生活上並沒有不便。我擁有的已經足夠了⋯⋯不對！是擁有比實際需要的物品還多。花了許多時間和精力將原有的物品清理掉，現在的我才有辦法這樣說出「我已經擁有足夠的必需品了」。

2.難道不是因為眷戀才留下它的嗎？

從小我就很喜歡畫畫，所以一心想成為動畫設計師。在我7歲那年，在看動畫電影的同時首次浮現了一個念頭：「真希望我畫的畫也能像那樣動起來」。長大之後，我寫了有趣的故事想說給一堆人聽，隨著時間過去，夢想越來越大，還夢想著能到「迪士尼動畫工作室」工作。

家裡面許多的擺設，都是當時的我為了夢想所收集的物品，不過夢想卻一樣也沒實現，物品也只是佔據在那裡。對於不明確的未來，只因為眷戀所以無法

清理掉，但是我的夢想卻已經改變。我也修正了適合我性向的目標，所以我決定把所有相關的物品全都清掉。雖然這是個不容易的決定，但是為了我自己，還是必須清理掉才行。

　　我收集了有關拍電影的方法、動畫製作技巧和動畫相關的書籍和物品，清理時才發現原來有這麼多，難免感到一絲苦澀和傷心。因為我比誰都要清楚，當初我買這些東西時的心情，而當夢想無法實現而決定放棄後，內心也感到很難受。不過這都是暫時的，隨著年紀增長，漸漸的更清楚自己的決定和方向，所以丟掉這些也不會可惜。

　　果斷地將眷戀的物品清理後，內心留下的執著也就自然地一掃而空。其實我是覺得把充滿眷戀的物品清理掉的同時，以後也會有新的東西出現。而被無法實現的夢想所羈絆住的腳步，變得更加輕盈，內心的空洞也被其他希望所填滿。就算我無法製作厲害的電影或動畫，我也能透過自己的方式訴說我的故事。

　　可能某一天那個無法實現的夢想會再回來找我，那時候我會打開心扉，開心地將它迎接到之前清出來

的位子，但這也是因為清出了空間才有可能做到的
事。

3.你能保證下次不會再買同一個物品嗎？

我有一件針織罩衫，因為有些厚重所以平時並不
常穿，但它卻是夏天去海邊或是外出旅行時必備款
式。因為以不會馬上穿到為由，要將這衣服清理掉的
時候，我對自己問了這樣的問題。

「妳能保證下次不會再買同一個品項嗎」？

對於這個問題我無法輕易回答，因為只要一到夏
天，我就會想找類似這樣的衣服，因為可以隔絕夏天
的紫外線避免曬傷，而在冷氣房裡也可以穿著它保
暖。如果把它丟掉，下個夏天我應該又會在家裡看到
相同的物品吧，所以我決定再次把它放回衣櫃裡。

在專心整理物品時，只要不是馬上會用到的物
品，一定會想要馬上把它清理掉。不過慶幸的是，到
目前為止我還沒有做出後悔的決定，大概因為有試著
與自己對話。往後要清理物品時，或是苦惱著要不要
丟棄前，都可以先問問自己。這也是為了防止自己太

過隨意丟掉物品，造成重複購買，使不必要的事不斷發生。

4.擁有這項物品是為了我?還是為了別人?

在清理物品時多少會出現「我當初為什麼要買這個?」令自己也很訝異的物品。這些物品既不是我的喜好，我生活中也用不到它，但它就是會大大方方的佔據家中某個位子，雖然我一直努力裝作看不到，但其實我最清楚為何它會出現在這裡。

那是為了要展現給別人看的，說得更明確一點，那些物品的存在是用來包裝自己，讓自己看起來是個很棒的人。

雖然我自認平時不會去在意別人的眼光，但我卻無法完全做到無拘無束，哪怕只有一點點，我也想在別人面前看起來「很不錯」。舉例來說，我收到了一個高級品牌的薰香禮物，就算薰香用完了，我仍會將它擺在廁所裡做「展示」。還有，即便這雙正流行的鞋子我不會再穿到了，也會將它放在鞋櫃裡，我只是想表達「這個我也買過、我也用過」的意思。

不過令我訝異的事實是，原來沒有人會對那些物

品感到關心，而且目前對我來說那種關心就如同一塊錢，根本用不著。「看起來很不錯」又能代表什麼！

我對那個樣子的我感到有點丟臉，總之那種物品已經全都打包清理掉了，現在我們家裡只能留下對我真正有用的物品。

5.看到這項物品會感到放鬆嗎？

很奇怪，有種東西就是你看著它時，你的內心就會阿雜起來。就算那件東西很昂貴、並不常使用到，而且整理起來也很麻煩。不太穿戴配件的我，卻有很多的項鍊和耳環；昂貴卻穿了腳會痛的皮鞋；在家擱置許久的衝浪板；使用起來很麻煩的相機穩定器等等。當然若常用就是有用的物品，不過實在是太少使用了，每每看到這些物品，就會感到很阿雜。

雖然有很多會使自己心情變好的物品，但沒必要硬是將會使自己煩躁的物品留下。沒用到幾次的相機穩定器用半價賣掉、衝浪板送給了小姑、皮鞋就捐出去。感到可惜也只是一下子，清理完之後，內心和空間都豁然開朗，真是大大的滿足啊！

開始了網路拍賣

　　我不清楚我對於物品是出自於一個想擁有的慾望，還是因為有感情。不管再怎麼沒用的東西，我都捨不得丟掉，反而是把它擱置在家中的某一個角落。不過這已經是在網拍出現之前久遠的故事了，當我看到有人把網拍視為生活的一部分，真心覺得他們既勤勞又會精打細算。後來我也加入了網拍，為了是要清理結婚生活以來，與日俱增且用不到的物品。

　　當然用不到的東西我也是會捐贈出去，或是送給有需要的人。不過我認為較高級或不用的物品，放在網拍上賣出也不錯。雖然對於物品的慾望消失，但內心還是多少會有少賠一點的慾望。本來是將用不到的物品馬上清理掉為主，即便賣非常便宜也沒關係，因

為目的不是在賺錢。不過我總是很猶豫，只要我一打算拍賣物品，就會馬上想起它原本的價格。就算明知這些物品已不是全新的，價格不好是必然的，但捨不得的情緒依舊層層將我包圍。

一開始我並不是很想將物品以二手價賣掉，而是為了清理物品出於無奈才選擇了這個方法。不過在我賣出了一件物品後，漸漸覺得很有趣。不用太費力就到手的鈔票，可以用這筆錢來買零食、貼補家用，而不必動用到存款，何樂而不為。

老公和我找出要賣的物品後，認真地上傳到網站。就在某一刻，卻發現了比起所賺的錢，我們所花費的時間和心力要來得多更多。若賣不掉也會感到莫名的壓力，還要不斷地跟陌生人連絡，雖然沒有太大的困難，但漸漸地也感到很麻煩，有時候還會發生意想不到的事。像碰到不守時的人、一見面就突然惡狠狠殺價的人、收到物品後硬是要抱怨一兩句的人⋯⋯這些都令我很受傷。明明好人有很多，但一遇到不好的經驗就會讓我感到疲憊，所以我也有點後悔了。

「要是我一開始不做二手拍賣就沒事了」，當然更討厭過去隨便亂買的自己。

　　貪心的我依舊想要把物品的價格賣得高一點，但會不會因此物品反而乏人問津呢？不過，我和老公決定往後的消費都要更謹慎，比起因為不是急需而衝動購入，不如先在家中找尋有無可用的替代品。在購買沒用過的物品前，盡可能先借來試用看看。例如單眼相機，除了價格昂貴，還要注意裝備的使用及收藏方式。所以先克制不要買，以後就不會淪落到又要網拍，再來捨不得價格賣得太低。

　　當然也有已經是超低價了，卻依然賣不出去的商品，最後就是捐贈出去，送給有需要的人或是丟棄，雖然感到可惜卻也沒辦法。也許這就是老公和我為了成為極簡主義者，所付出的昂貴學費吧。不過只要想到這個代價是換來輕鬆的人生，那就一點也不覺得可惜了，反而看起來獲益的人是我們呢！

　　我們透過網拍來清理物品，也賺了些許零用錢貼補家用（當然回收的錢只有當時商品價格的一部分）。因為達到了我們想要的目的，所以網拍也是個

清理物品的其中一種方法。

　　即便如此，我還是提醒自己不要讓網拍成為一種
習慣。擔心會變成我過度消費的藉口，怕會有先買來
試用看看，「不用的話再到網路上賣掉」的心態。

　　我決定養成「優先考慮我能長期使用的物品」的
消費習慣，也決定一開始認定為沒用的物品，就不要
帶回家，這樣自然也就沒有清理物品的必要。

就算是喜歡的物品，
若是不會整理的話……

　　我在去上班的途中，偶然知道了動畫《辛普森家庭》裡，辛普森的家要以樂高的型態上市。辛普森是我最喜歡的動畫，同時也是我最喜歡的卡通人物之一，而我最喜歡看的動畫是能反映出各種時事的主題。在擔任重修生的光陰裡，從圖書館回到家的每個夜晚，我都要收看辛普森卡通，同時也能撫慰我疲憊的心（從深夜播到凌晨的「辛普森之夜」，奪去了重修生的睡眠）。還記得有人對我說「看到辛普森就會想到妳」，顯示了我對辛普森的熱愛，因此得知辛普森的家出了樂高版本……

　　「天啊，我一定要買！」

那個與卡通相似度99%的辛普森樂高屋，我想要買想了好幾天。不過因為要價不便宜，而且組合好之後也沒有可以展示它的地方，所以我決定把它放在心裡就好。那個樂高屋居然要價30萬韓元（約台幣8333元）！樂高本來就要這麼貴嗎？我現在才理解小時候不管我怎麼吵，父母都不會輕易買給我新樂高系列的原因。只好藉由觀看部落客們分享組裝辛普森樂高屋的過程，來安慰自己那顆百感交集的心。

　　過了幾個月，突然我有了一間辛普森樂高屋。這是男朋友（現在的老公）一直看我念念不忘，決定買來送給我。看到我手上巨大的黃色紙箱，幾個月以前想要的東西現在在我手裡了，這個瞬間簡直就像做夢般，叫人不敢相信。我開心地組合著樂高，希望這幾天的喜悅不要結束。終於完成辛普森樂高屋啦！樂高屋比我想像中的還要漂亮可愛，光用看的還覺得不夠，仔細地拍著照片，我還拿著公仔在辛普森樂高屋旁繞來繞去，就像孩子一樣地遊戲，原來「光看都飽了」就是這種感覺啊！

　　不過這喜悅也只是暫時的，那天之後就把辛普森

樂高屋放進塑膠箱，收到男友的衣櫃裡了。

　　過了幾年之後，才將它展示在新婚住家的收納櫃中。我一樣很熱愛辛普森，有段時間每次看到辛普森樂高屋都還是很開心，不過漸漸習慣了它的存在，從某個時刻開始就不再盯著它看。失去關注的辛普森樂高屋，上頭堆滿了灰塵，我也只是無所謂的每天經過它。結果，在我開始成為極簡主義者沒多久後，辛普森樂高屋也成為了我們家被清理的對象。

　　雖然我決定要將辛普森樂高屋清理掉，但我苦惱著該如何向老公開口才好。因為這是他買給我的禮物，其中也包含了兩個人一起開心組合的回憶。說不定他還是很喜歡這個辛普森樂高屋，腦中產生了許多疑問，並小心翼翼地問老公：「我想把辛普森樂高屋賣掉可以嗎？如果你不想賣我就不賣了」。老公很輕鬆地回答我：「妳想賣就賣啊，我無所謂」。相較於我的小心翼翼，突然感到老公好帥氣、好乾脆。

　　老公本來就是一個很喜歡組合樂高的人，從我們開始戀愛，就收集了許多小樂高模型。因為他在組合樂高的時候，比任何一個孩子看起來還要開心，所以

當我決定要清理掉他送我的辛普森樂高屋時，我還以為他可能會很傷心……誰知道！他說他只是很沉浸於組合樂高的過程而已，某人（我）只想要擁有完成的樣子，但知道他只是因為享受組合的過程，才喜歡樂高的事實，真是令我大吃一驚。

「我也真是太不了解他了吧！」就這樣，我把辛普森樂高屋上傳到社群上拍賣。

過去的我要是聽到這個消息，可能我又會在那吵吵鬧鬧說「這是我的寶貝」、「你不知道我有多想要這個東西嗎？」然後強留下來。某樣物品在賣的時候看來很可惜，不過當聽到別人說：「謝謝妳，我兒子一定會很喜歡」，原先難受的心就被融化了。有著溫暖心腸的家長，為了兒子大老遠跑過來，想到是把物品給好人家我也可以安心了。（頓時想到玩具總動員3的安迪，也是把心愛的玩具送給懂得珍惜的人）。希望我的辛普森樂高屋能在新家過得幸福，就這樣我們在對的時間做了美好的離別。

明知分開很痛苦，這物品還是要以二手價賣掉，最大的原因就是，雖然是我很喜歡的物品，但是我無

現在的我　　　　　過去的我

法好好保管它。即便我知道可以弄個壓克力展示盒，把它放在裡面做展示，但其實我更希望樂高就是要拿來玩的實用主義者。不過別說機能了，看著連生活空間都不夠了、到處都堆積著物品。不管是什麼東西，並不是買了並擁有了就沒事，還需要持之以恆地照料，但因為我做不到就只好擱置在那裡。

　　我是個懶惰又不細心的主人，要是誰送了我一幅文森•梵谷的《在阿爾的臥室》真品畫作，懶惰的我大概也會拒絕吧！雖然那種事就算我投胎一百次都不會發生，不過若真發生，每天還要擔心屋內濕氣會不會太重、會不會太乾燥、家裡失火或遭小偷怎麼辦，這樣的生活光用想的就很累人。倒不如將喜歡的畫作設成電腦桌布，或是去看展覽還來的更好些。

　　所以與其擁有辛普森樂高屋，我選擇把這回憶珍藏在心裡。雖然會感傷，但對不會保管及收納物品的人來說，這樣的做法更為乾脆俐落，對我及對空間都更輕鬆了。

Chapter2
減少製造垃圾

能減少垃圾嗎？

　　在做家事時發現了一件驚人的事，就是原來一個家庭裡，一天所產生的垃圾量如此之大。每當到了倒垃圾的日子，我們兩個人、兩隻手都會提著滿滿的垃圾，看到這些垃圾，我和老公彼此都會驚嚇道：「到底是為什麼？我們可以製造這麼多垃圾啊」。每週來兩次的大型垃圾車，將垃圾桶的垃圾全載走，但垃圾桶卻經常還是滿的。一個巨大的垃圾桶，八個家庭一起使用，有時候還滿到垃圾丟不進去。偶爾會很好奇，「這麼多垃圾都去了哪裡呢」？

　　驚嚇之餘，開始感到罪惡感，是在我開始了極簡生活之後……。

　　經常重複著把沒有用的東西，從家裡扔出去。每個月的第三個禮拜四，回收大型垃圾的垃圾車會停在

我家門口，這時我會將平時不好處理的大型物品先放在那裡。把礙眼的大型物品清掉，空手回到家中真是有種說不出的快活。每到這一天，路上就會擺放著各種傢俱和家電用品。

起初只是垃圾從我家、我的空間，以及我的視野中消失。不過我開始好奇這些被丟棄的物品們的去處。雖然希望它們能夠被回收再利用，但我所知道的大部分都無法再利用，而是用這些垃圾來填海，然而不能被分解的塑膠類會流進大海內，對生態界造成不好的影響。大海生病了，生物們也不明所以地死去。我也害怕在距離我遙遠的太平洋中心處，會發現我所丟棄的垃圾。在遠洋上發生的事件，雖然看似與我無關，但事實上都會間接影響到每個人的健康。我現在覺得必須要減少一點隨意丟棄的垃圾，這是身為地球人必須要做到的努力（參考紀錄片《A Plastic Ocean怒海控塑》）。

註：《A Plastic Ocean怒海控塑》真實揭露全球「用完即棄」的生活方式所帶來的嚴重後果。電影製作時間長達多年，故事從一位追尋藍鯨蹤跡的記者開始，他驚訝的發現，純淨的海洋裡竟然有這麼多塑膠垃圾！

雖然喜歡買東西，卻不太關心每天都會觸碰到的
生活清潔用品。清潔劑、廚房清潔劑、洗髮精和沐浴
乳，都是每天會用到的物品。主要都是在特價時，或
是在網路上購買，沒有特別的喜好，用什麼牌子都沒
關係。不過現在我開始變得會關心了！首先，仔細查
看我們家中使用的物品，有沒有可以替代的，還要找
能夠減少製造垃圾量的物品來代替。

　　在網路上搜尋「減少垃圾的方法」時，得知了
「零廢棄物運動」。零廢棄是把廢棄行為減少到零，
這意思是減少生活上產生的垃圾，特別是塑膠袋或塑
膠容器等不會分解的材料。聽到時會心想應該沒有多
困難，不過回顧一下我的生活周遭，才知道實行零廢
棄物有多麼不容易。被大量一次性用品圍繞的我，究
竟能否在沒有塑膠廢棄物下生活呢？

從「能做」的開始持續執行

　　如果突然就決定：「我絕對不會買有塑膠包裝的物品！」可能在我開始執行前就已經失敗，並説著：「我做不到」、「我一個人參與會變得不一樣嗎？」接著可能就放棄了。其實完全不使用到塑膠幾乎是不可能的，因為對我來説，需要的物品有一半以上的包裝成分裡，都含有塑膠，不可能完全不用到。

　　我決定先從我能做到的開始去執行，慶幸的是已經有許多人在尋找塑膠的替代方案，讓跟我一樣的新手也能輕鬆照做的方法。

竹製牙刷
　　若説人一輩子都在用塑膠刷牙，真是一點也不誇張，於是我改用了能夠微生物分解的竹製牙刷。（微

生物分解是指有機物質被微生物所分解的現象，由於塑膠是用石油所製成的高分子有機化合物，所以微生物要分解相當困難。反之，以竹子、玉米等原料，所製成的微生物分解塑膠類，在土壤中較容易被分解）。

現在的我已養成，每次需要必需品時，才會去購買的習慣，因此家中沒有堆積過多的牙刷，也因為這樣我才能第一時間試用竹製牙刷。我還以為竹製牙刷較其他牙刷購買不易，但在澳洲甚至連大型超市裡都買得到（在韓國要上網或是到環保賣場比較容易購得）。就算在賣場擺放在同一個牙刷區，我也不知道有竹製牙刷的存在，實在丟臉。因為我的手總是伸向習慣的物品，錢包總為了習慣的消費而打開。

竹製牙刷的外表，和一般塑膠牙刷比起來，多少有些樸素，用竹子製成的握柄和適度彈力的刷毛，沒有華麗的設計和顏色，就只是它該有的樣子。看到這個樣子不禁懷疑，這個牙刷真的能夠把牙刷好嗎，不過在試用之後，它的效果還不錯。而且竹製牙刷的包裝，大部分也都是紙漿或是微生物能分解的塑膠，這一點讓我很滿意。雖然刷毛比塑膠刷毛來的弱，但在

使用上並沒有不方便的地方。

　　隨著時間過去，除了竹子以外，還有玉米、甘蔗等原料製成的環保牙刷，各式各樣的替代商品都紛紛上市。很開心！因為能感受到世界正不斷地為了環保，尋找更好的替代方案。

無患子

　　下一個是清潔劑，洗衣服時對於洗衣粉有很多不滿，我不清楚究竟是洗衣機的問題，還是自己的問題，只要用洗衣粉洗完後，經常看到衣服上殘留白色的粉末，我不想再看到這種情形發生，所以換用洗衣精。雖然看不到殘留的清潔劑，卻散發出一股霉味，或是很刺鼻的化學香味，實在是不想讓貼身物品有這種味道。

　　後來我得知無患子這種產品，無患子是完美的天然清潔劑，它生長於印度或尼泊爾地區，是無患子樹（又名菩提子樹）的果實，它的果皮含有皂素，皂素具有清潔劑的功用，它不僅能用於洗衣，還能用來洗滌碗盤，根本是一舉兩得，既能減少清潔劑的用量，又能減少塑膠垃圾，真叫人不得不使用它。

恰巧社區的有機產品店有在販售無患子，500克賣20澳幣（約台幣400元），兩公斤值25澳幣（約台幣500元），它比一般清潔劑昂貴，不過還是可以接受。它的使用方法簡單，將五到六顆無患子置於小網袋中，跟衣服一起洗即可，之後還可以再使用四到五次。

　　它的洗衣效果並沒有很棒，不過它超乎我的期待，而洗滌過後還是有留下頑固污漬，雖說如此還算滿意。因為之前使用的清潔劑也沒有完美的洗淨效果，在我的標準下，只要衣服沒有悶溼味，它就是一件合格的產品，總結就是無患子合格。

洗髮皂&ALL IN ONE肥皂

　　為減少塑膠產品的使用，我決定使用紙包裝的「洗髮皂」，使用完所有的洗髮用品後，立馬跑去便於入門者使用的環保品牌「Lush」專賣店，購買了第一個洗髮皂。起初擔心頭髮會不會變乾澀、肥皂會不會不易起泡。而我不管做什麼一定要立刻做才能放心，所以滿是好奇的我，一回到家馬上去洗頭，用一點水沾濕洗髮皂，然後將它放在頭上抹幾下就能產生泡沫，它確實比普通肥皂還滑順。

　　但是將頭髮吹乾後卻有些乾澀，這明顯跟之前使

用洗髮精是完全不同的感覺，不過我也沒有想過要再回去使用洗髮精。

　　接著將沐浴用品換成肥皂，ALL IN ONE肥皂從頭到腳都可使用，用一塊肥皂既能洗頭又能洗臉，還能洗身體，外出旅遊時也只要帶一塊ALL IN ONE肥皂即可。它的便利性讓我更加喜歡，而它最大的優點是，用完之後也不會有垃圾產生。我有點不想用買的，想自己製作一塊適合我的ALL IN ONE肥皂。

玉米澱粉袋

　　澳洲跟韓國不同的是沒有規定垃圾袋，澳洲人都隨便拿一個塑膠袋，連同廚餘一起丟進去，再丟到住家外面的垃圾桶。我家則是在超市裡購物後，將超市提供的塑膠袋拿來裝垃圾，然而從2018年下半年開始，澳洲的大型超市不再提供一次性塑膠袋，開始販售可以重複使用的袋子。

　　因此我們需要有裝垃圾的袋子，此時我們在超市裡發現玉米澱粉袋，它是埋在地底下易於腐化的可分解塑膠，比起一般塑膠更容易撕裂。與其它塑膠相比，雖然價格有點貴，但它比起不會腐化的塑膠，是對地球更好的選擇。據說，在韓國的大型超市裡，也打算使用玉米

澱粉製塑膠袋來包裝蔬果，或是作為垃圾袋。

　　實際上使用過後發現，袋子遇水則會容易腐爛，對此有些許不滿。這全都要怪廣告號稱它不易腐爛，說得跟真的一樣。縱使它是脆弱的材質，但是只要它能在土裡順利分解，這樣就足夠了。

矽膠保鮮膜

　　為了不讓湯汁從老公的便當裡滲漏出來，在包三明治或是打包吃剩的菜或水果時，會使用一次性的保鮮膜。由於使用方便，索性買了餐廳使用的大容量保鮮膜囤放，真的是非常方便。但是經常使用會造成龐大的垃圾量。不過我堅信著一定會有解決辦法的，於是，我在網路上認真的爬文，看到了矽膠保鮮膜，它竟然是半永久性可重複使用的保鮮膜？！

　　我看了消費者使用心得，想知道它好不好用，思考了許久才購入矽膠保鮮膜。雖然它必須清洗乾淨以及需要晾乾才能重複使用，不過只要能減少垃圾量，我覺得能容忍它的不便性。而它的效能超乎我的期待，跟一次性的保鮮膜一樣能將食材輕易密封，湯汁也不會滲出來。

不過經常使用後，會發現它的延展性和密封度變差。然而，不知道是否因為自己的手藝變好，還是養成了能吃多少就做多少的習慣，需要用到矽膠保鮮膜的情況也逐漸減少。

　　也許不要用到保鮮膜才是最聰明的選擇，要是有多餘的密封容器，也可以多加利用。在十萬火急的情況下，身邊有矽膠保鮮膜，不知道有多開心啊！它可是我家必備的生活用品。

相信會有所不同，
就邁出了第一步！

　　起初決定要開始減塑生活時，我感到不知所措及難以適應，雖然日常生活中使用的東西逐一丟棄及替換，但還是很難從塑膠產品或一次性包裝用品中解放。我也盡可能購買沒包裝的物品，但是我仍然製造出很多垃圾。於是我決定只要我辦得到，我就要盡力去減少一些垃圾。結果不只是我使用的東西，就連生活習慣也漸漸開始變得不一樣。

重複使用玻璃空瓶
　　我以前只把玻璃空瓶當成再生垃圾，自從開始極簡生活後，它在我眼裡是實用物品。可以當作義大利麵醬料瓶，也可以擺放料理工具，如：湯匙跟筷子等等，或是當作保存剩餘食材的容器，也可當作裝無患子濃縮液

的容器。雖然我曾經把漂亮的飲料瓶當作花瓶使用，卻不是太實用，因為口徑太狹窄的緣故。可以的話，玻璃瓶最好選擇口徑較大的，這樣在清洗上或是拿來裝東西比較方便。

發現玻璃瓶的新功用後，在購買物品時，會以「在其它用途上是否便於再利用」這點為基準去挑選。一開始是為了避免使用塑膠容器而改用玻璃瓶，現在它已成為家裡非常好用的家事工具。

利用手帕與毛巾

之前我有替上班的老公帶便當，我怕湯汁或醬料滲出，每次都會在便當外面多套一個塑膠袋，而湯匙筷子也是一樣。每次準備老公的便當，基本上都會用掉三個以上的一次性塑膠袋。

我決定不再購買一次性塑膠袋之後，乾脆把便當盒換成不易滲出汁液的便當盒，而湯匙、筷子用乾淨的手帕捲一捲包起來。

在廚房用來擦乾手的毛巾，它現在兼具餐具瀝水架的功用，之前使用了兩年的餐具瀝水架生鏽了，盛水的

集水盤碰到鐵製支架而開始腐蝕，腐蝕範圍逐漸擴大，為了購買全新的餐具瀝水架，上網找了一下，最後索性決定不買了。

因為瀝水架常常會出現水漬，而保管不佳的時候還會生鏽。所以我決定將易擰乾的毛巾攤開置於流理台的側邊，用它吸取餐具的水份。而手巾只要使用一次就得立即清洗，不過比起餐具瀝水架的清潔，毛巾反而更加便利。

為了替換用完就丟的廚房紙巾，現在我都使用洗得非常乾淨的抹布。起初由於有很多待洗衣物要洗，覺得還要洗抹布很麻煩，現在在洗碗的同時，連同抹布一併清洗。只要能減少垃圾，不再出現一次性用品，這點麻煩不算什麼。

購物袋取代塑膠袋

在澳洲的大型超市裡不再出現無限供應的塑膠袋，取而代之的是開始販售可重複使用，一個15分錢的袋子，無法接受的顧客，曾經與店員起了小小爭執。但是大多數的客人很快就能適應，並自行準備菜籃車。由此看得出來塑膠袋的使用有明顯減少，不過卻不是完全不使用它，因為打包蔬果仍然是用一次性塑膠袋。

在澳洲的超市中，許多蔬菜或水果是沒有外包裝的，而是直接陳列出來的。當然可以只購買自己想要的數量，但是像橘子或蘋果，它們是秤重計算，拿整袋會比較方便。而超市為顧客著想，會在每個陳列台上放置捲筒塑膠袋，因此只要經過蔬果區後，推車裡就會有滿滿的一次性塑膠袋。

回到家之後，全新的塑膠袋就會丟進垃圾桶裡，它只不過被使用一個小時，而幸運的塑膠袋則是隨著打包物品一起放入冰箱幾天，之後再將它丟棄。短的話一個小時，長的話一個星期。但它終究都是要丟進垃圾桶，而每天丟掉的塑膠袋，應該是被埋在某處永不腐化，它帶來了短暫的便利，卻帶給我長久的不安感。

當我思考著該做些什麼事才能消除不安時，偶然間我看到了母親替我準備的購物袋，它的大小剛剛好，再加上它是束口型的袋子，可以不用擔心東西裝進去會掉出來，剛好適合用來裝食材。原本我想購買在社區有機店裡販售的，不同尺寸又兼具環保的棉布購物袋。不過目前我有媽媽給的這個就夠了，我想好好活用身邊的每樣東西。

從那天起，我跟老公將多的環保袋與購物袋放入菜籃車裡，帶著滿滿的袋子前往超市。與以往不同的是，去超市購物時變得有點麻煩，不過購物完後要丟或要整理的東西變少了，反倒便利許多。

自己煮水來喝

我跟老公每天都會喝很多水，之前每次外出時都會隨身帶兩瓶水。這也要怪澳洲乾燥的天氣，而且澳洲很少有提供飲水的地方。在韓國的美食廣場、銀行跟政府機構裡，必定會擺放飲水機，但是澳洲這邊卻沒有。不過街道上有飲水台，可以帶著水壺去盛水喝（澳洲人習慣喝自來水，上學的孩子也是各自攜帶水壺裝水喝）。

由於我們都很討厭自來水的味道，所以買了3箱600ml礦泉水（一箱24入）每天喝。在家裡也是喝礦泉水，不會去裝自來水喝。就這樣過了兩年多，即使兩人一天喝的礦泉水只有兩瓶，兩年也喝掉了三千瓶，而這眾多的礦泉水瓶是去了哪裡？忘記拆掉瓶身的塑膠標籤就丟棄的礦泉水瓶，是否真的有再次利用呢？

我決定再也不買水喝了，我選擇喝麥茶。購買玻璃

瓶與麥茶茶包後，用電熱水壺煮水再倒進玻璃瓶內，然後放入麥茶茶包再冰入冰箱（現在不是用茶包，而是買炒過的大麥泡來喝），外出時也把麥茶倒入保溫瓶隨身攜帶。

包包變得沉重了，而保溫瓶也要每天清洗，我們全新的飲水方式，與之前買水喝相比，感覺更加不方便。不再是喝完就丟，而是每道步驟都得花上許多功夫，確實很麻煩。但是麥茶比礦泉水好喝，特別是易口渴的夏天，只要冰涼的麥茶下肚就能感到暢快無比。當然最令人喜悅的是丟棄的保特瓶明顯減少（像綠茶或是玉米鬚茶這種泡乾葉片的水，恐怕會有利尿的作用，很難把它當作水來喝，我推薦像麥茶或決明子茶這種乾燥種子的茶）。

不過養成一個小習慣就想立即看到巨大變化，我知道這野心很大。這只是開端而已，雖然只是踏出了非常微小的一步，而且是沒有目的地、漫長旅程的第一步。不過還挺有成就感的，看著正在變化的我及周遭生活環境，與之前相比變得更加美好了。

我曾脆弱到無法抗拒因為便利而帶來的甜美誘惑，
因為愧對大自然，所以我決定改變生活習慣。哪怕是微
小的一步也好，堅信著我會變得不一樣！

Chapter3
正在成為極簡主義者

✕
　✕
✕

不需要跟別人比較

　　聽說「極簡生活倦怠期」會偶爾找上門，但我至今都還沒遇到它，目前仍享受著斷捨離的樂趣，每天都會在房間裡走來走去，看一看有沒有該丟的東西，不知不覺成為一種習慣。一天的開始始於整理環境，多虧了這個習慣，東西確實有減少，就算稍微偷懶一下，房子也能快速的整理好，我對此變化感到開心，並且實現了減少家事這個目標而感到欣慰。我常常稱讚自己「做得很好」，如果持續地照這樣下去，總有一天我能打造出我夢想中的房子。

　　某一天，我很好奇其他極簡生活者的狀況，開始有點想要與別人比較，想知道他們是否跟我一樣享受著相同喜悅、是否生活更輕鬆了、有了什麼樣的變化呢？
　　我好想聽他們的故事，進來這世界有多麼開心。只

要滑一下手機，就能輕易地窺視他人的生活，輸入「＃極簡生活」便能得知我想知道的。

看看別人的家是另一種樂趣，配合各自的生活方式所佈置的乾淨空間，看到這樣的家心情也跟著變得舒暢。也有看到空無一物的家，還有適當地擺放小小裝飾品，或室內裝潢相當漂亮的家。看完別人的家之後，我受到了一點刺激，感覺自己並沒有做得很徹底。於是我又開始尋找不用的東西，而且連平時不會留意的地方也打掃地乾乾淨淨。此後，我漸漸地把我家跟他人的家做比較，甚至連他人的極簡生活細節也不放過，各方面都要做比較。

「我家沒有這麼乾淨，我還沒有做到跟別人一樣啊」！

我開始有了野心，環視家裡的每個角落，想要再清掉些什麼，從好整理的客廳開始觀察吧！突然覺得沙發很礙事，丟掉那個沙發後，客廳應該會看起來更寬敞又乾淨。還是清掉房間裡的衣櫃如何？若將兩個抽屜櫃變成一個呢？把廚房整理地更加乾淨吧！一邊希望能變得

更加完美，一邊催促自己，總是想要再多做些什麼。

翻找了房間裡面卻毫無收穫，為平靜心情我躺在沙發上，讓身體靠在沙發上發呆，慵懶地望向窗外，突然間心情變好了。多虧了我有躺在沙發上，我躺了又坐、坐了又躺，不停反覆著，忽然很慶幸有沙發，當我領悟到可以在客廳裡休息的地方只有沙發這件事後，立馬打起精神來。

「我怎麼能想著要丟掉沙發，明明自己是這麼放鬆又快樂地用著它啊」！

不是只花一、兩天，而是經過好幾個月，我跟老公針對彼此需要的東西討論了無數次。被留下來的東西有必須留下的適當理由，被丟掉的東西也是一樣，它確實有著該離開這個家的原因。為了改變我們的生活，我明明有好好地打理家裡，卻因為不認識且沒交談過的人的幾張照片，讓我差點忘記之前已經決定好去留的物品，只想跟別人比較，為了讓自己的家看起來比別人更極簡！如此一來，之前所花費的時間與努力就白費了，原本該留下的東西也有可能被我亂丟掉了，只因為別人的

家比我家看起來更像「極簡」之家。

　　為何我會覺得我家看起來不像極簡之家呢？前提是像極簡之家的標準是什麼？實際上我有做好斷捨離嗎？在成為極簡主義者這方面有標準答案嗎？唉，究竟怎樣程度的斷捨離才是對的？還是我只是想得到他人的認同及稱讚？

　　我在享受全新的極簡人生時，同時期盼著日子會變得更好，但卻無聊地去觀察別人的生活。我學會打理自己的生活空間，但又習慣性地跟別人比較起來，無謂的比較所引起的痛苦，不斷朝我襲擊過來，備感壓力又變得焦慮不安，這不是我想要的！

　　我要走的路還很長，不只是成為極簡主義者，而是希望生活更輕鬆穩定。比起改變生活或是周遭環境，我得先改變自己的心態，才能實現我想要的人生。是否多關心一下自己，就可以使我的生活變得更好呢？

原來是「極簡生活」拯救了我！

　　30歲的時候來到澳洲，在這裡我覺得自己好渺小，不像在自己國家生活那樣，所有事物都好陌生，因此逐漸地失去自信。感覺自己像個孩子一樣，而且還要從單身轉變為妻子的不安感。這並不是口頭上說只要努力就可以克服的，是完完全全不一樣的生活。

　　結婚後和老公說話時，在開口之前得反覆思考好幾遍，如果說錯話或是對方聽不懂我想表達的，我會悶悶不樂一整天。我經常覺得心情鬱悶，卻無法怪罪他人，因為現在面臨的這一切，都是我自己選擇的。原本打算就一直抱持著這種不上不下的心情，在這陌生國度平凡的生活下去，但是自從我開始極簡生活後，我的心態開始變得不一樣了。

一天感到好幾次微小的成就感

開始極簡生活後，從起床到睡覺這段時間，我就一直苦惱著該丟什麼東西才好。就這樣過了一天，不斷地分類物品以及清理東西，每天都有要捐贈跟丟棄的東西。身體雖然疲勞又辛苦，但我卻樂此不疲，因為整理東西很快樂，而且家裡變得越來越乾淨。另外還有一個原因，就是我在清理物品時感受到的成就感。

以前我的目標總是遙不可及，憧憬著不實際的未來。我只顧著不斷地往前跑，無視日常生活中的小確幸，或是一點小小的成就感，因為我的眼神只會專注著遠方。也許是因為這樣，我才會在日常生活中感覺不到任何成就感。

然而自從我開始接觸極簡生活後，情況變得不同了。我一個個地觀察，挑出該丟的東西，家裡慢慢地變得乾乾淨淨，將陽光下晾乾的衣物一件件摺好時，只是單純的家務，我卻得到了成就感與喜悅。

並不只有這件事，早上一起床就會在筆記本上寫下該做的事，用極為稀鬆平常的事填滿了我的待辦清

單。我記載著像吃飯、寫文章、去超市購物、洗碗、洗衣服、看電視、外出捐贈衣服等，記載著每天的必做項目，並且一一執行。

我只是記錄生活並且確認是否做到而已，我曾以為唯有完成了不起的事，才能獲得成就感，但它現在每天都會自己找來。雖然不情願但還是要做的事、以及我樂在其中的事，都透過「待辦清單」去完成。

我覺得我開始容易感到滿足，我的一天、我的生活、即將到來的明日，像這些理所當然又瑣碎的事，我變得好期待。當然日復一日的話，總有一天我夢想的目標也能達成，光是這樣想也好幸福。目前的我只想著完成當下該做的事，並且認真地度過每一天。

原來這才是真正的我

我邊整理著自己的東西，同時對未來的想法也越變越清晰。我覺得沒必要擁有別人也擁有的東西，不當了不起的人也沒關係，也因為這樣我覺得我光是有眼前這些簡單的物品就很足夠了。即使減少了這麼多東西一樣也能生活，並不會不適應，因為我對生活感到滿足並心

存感激。

　　還有，我也體會到不要拿自己的生活和他人做比較，因為比較而引起的自卑感跟不安感，對我沒有任何好處，不比較後這些負面情緒全都煙消雲散。而且我變得不再因為小事就發脾氣或是憂鬱，開始冷靜地應對周遭的事物，並用客觀的角度去看待。就好像原先是不懂事的孩子，現在好不容易蛻變成一位穩重的大人。

　　正如同清理物品的時候，我知道哪些是我真正需要的、或是有留下來的價值，在清理掉人生中的諸多事物後，我變得更能珍惜最後留在身邊的東西。沒能整頓的人生、想法及人際關係，就毫無留戀地把它們通通拋開。這樣對你真正重要的事物，你才能看得更清楚。而在往後的日子裡，我也只想把注意力放在對我而言重要的事物上。

喜歡滿足現狀的自己

　　雖然我喜歡自己，但是常常會對長得不漂亮的外貌、不圓滑的性格、以及不足的能力感到不滿足。我曾經期盼臉可以再小一點、身體再輕盈一些該有多好。要

是真心想改變，就要二話不説身體力行，然而我卻沒有這麼做。我只是坐在沙發上發洩心中不滿，我嫉妒著已經擁有我羨慕的一切的某人，我不斷的給自己壓力，使自己越來越難受，好似掉入了看不見出口的谷底。

讓價值觀與人生基準回歸於「自我」本身吧！這樣便會覺得自己還不錯，首先我明確地了解到，自己擅長的事物以及喜歡的東西，還有找到自己的優點。反之，我也很清楚自己不擅長的事物，而我決定不再花費精力在那些事物，專心致力於我擅長的事情上，並且認同現在的自己，學會善待自己。

真神奇！我只是整頓了生活方式以及想法，卻變得相信自己，愛上目前微不足道的平凡人生，還真慶幸我有開始極簡生活，否則我想我到現在都還在討厭自己吧？這樣一來，稱「極簡主義」為我的救世主一點也不為過。

購物前先思考和物品的最後結局

我曾經在SNS上看到這樣幽默的句子「我只有跟他聊過一次，卻做了跟對方結婚懷孕的幻想」。我也有過這種經驗，每次看到新東西我都會這樣想，這東西第一眼就奪走了我的心。我想像著跟它一起的燦爛人生，如果我穿上這件衣服，就會產生變得比平時更漂亮的錯覺。若戴著這支手錶就會想著自己看起來像是有錢人，就這樣促成了我跟東西的相遇，我曾相信我跟東西會永遠幸福。

我深信不疑的信任比預想的還快被摧毀，與物品只有短暫的幸福覺得好空虛。在網路上的購物商城結帳後，很期待收到物品，不過外出時穿個幾次、或是用個幾次之後，就不再對它們感興趣。而這些成為我的所有物的東西，它們成為了漁場裡「被捕獲的魚」，再加上

沒能忍住一時的衝動，又開始物色下一條魚了。

註：韓文裡經常用魚來表示對象或目標。

　　很多時候我沒能獲得等值的滿足，舉例來說尺寸不合、衣服照片與實物有出入、傢俱的性能不合乎期待值等諸如此類的事。由於嫌麻煩，導致過了退換貨保證期，之後深感後悔，再將東西置於某處。而持有的東西過多也是問題所在，我沒有餘力再把心思放在全部物品上。因為持有的東西不只十個、一百個，而是一千個以上。即便是這樣，我還是持續不斷地購買與囤放。

　　自從開始斷捨離後，至今為止我丟了數也數不盡的東西。要是回想最先清理的東西，是很早以前就覺得它礙事或是想盡快丟掉的、或是根本不想看到的。雖說如此，這些東西也不是某人硬塞給我的，而且當時也一定有非得把它們帶進家裡的理由。它們曾經是我所重視的、需要的、擁有的。在某一瞬間，它們成為我想清理的東西，它們似乎對我說了這句話：

　　「妳怎麼可以變心？」

在清理掉更多東西之後，我才知道原因。我是屬於比較衝動型的，只要看到喜歡的東西，就想立刻擁有它。我總是被這種占有慾給控制，所有的神經細胞只專注於購物上，一整天只想著剛剛看上眼的東西，內心不斷告訴自己：「如果我買得起的話，那就買了吧」。買到自己非常想擁有的東西，是多麼幸福又開心的事，想必大家都很清楚吧？

　　衝動購物使我當下那一刻很幸福，即使現實的自己是月光族，也會帶給我「像是有錢人」的錯覺。但是過沒多久，曾經相信買了它會感到很快樂的物品，淪落成只能放在家裡的角落，一種不舒服的存在，很快地就遺忘了它們。在我整理時，把它們拿出來的時候，就下定決心告訴自己，今後要變得更理智點。

　　現在要買東西時，我都會先思考我能否好好使用它。方法很簡單，不管是衝動地想擁有、還是一見鍾情就愛上的東西，首先要理性的思考，想看看自己跟這個物品的最後結局是什麼？它實用嗎？可以長期使用不容易被替換嗎？還是它會不會成為讓人傷腦筋、捨不得丟掉但又佔位的累贅品？如果都不是，那它能不能使用到

一半再二手轉賣？或是可以開心地轉送給別人？

　　這也是為了徹底實行只留下必需品的極簡生活，為了日後的自己著想，我希望未來的我不用再辛苦地清理東西。

　　我決定不買只用一、兩次就放著，或是捨不得丟棄的東西。而是購買每次使用都覺得心情愉快，長期使用過後還可以安心送走它的東西。購物的審察流程如同在機場過海關檢查般嚴格，但是生活的滿足度卻變得超級高。

我的消費慾望消失了

看到想買的東西時，

*　例如：6孔筆記本（我很清楚我買了好多本，但購買後根本沒有使用過）

繼續上網搜尋點開來看，找找看想要用的東西。

買這個吧？

就從某一瞬間開始…

…

感到厭煩了，理所當然地消費慾也化為烏有了。

好無趣哦！

極簡生活是挺有效的方法，不會再浪費時間在購物上。

比起買十件衣服，
我需要的只有那一件

　　我清掉了數十件衣服後，再也不用為了找衣服而在衣服堆裡翻找，總算有點滿意自己的衣櫃。不過現在說這句話也太早了，日後怎麼維持好衣櫃的狀態，就跟清理衣服一樣重要。就算認真地整理出來，但是若重蹈覆轍，衣櫃又會再度變得亂七八糟。我看著被留下來的衣服，並且思考著今後哪些衣服可以放進衣櫃裡，「知己知彼才能百戰百勝」（這裡的對手指的是衣服）。

打造我的穿衣風格

　　我身高算高、骨架又大，所以有很多蕾絲或蝴蝶結的可愛裝飾衣服，它們都跟我不搭。不過像基本款的短袖Ｔ恤、沒圖案的高領套頭毛衣、普通的襯衫，這些衣服不用跟流行，可以一直穿且很好搭配。

穿上時覺得舒服也很重要，比起好看但卻太緊而難以活動的衣服，我更喜歡不管是坐下、走路都很舒服的衣服。即使是有點貴，但是材質耐穿又舒服，我反而願意購買，因為可以穿很久。

　　制定計劃吧！日後該如何清理衣服以及填滿衣櫃，我心中已經有個大概方向。但若只是在大腦裡想像，好像有點抽象，怕自己一下子就會忘記這個規定。因此購物也好、清理也罷，我決定尋找幾張適合參考的圖片，儲存在手機裡或印出來貼在衣櫃裡。

　　首先，我在google上輸入「Women minimal look」、「Simple style」等關鍵字，尋找喜歡的照片或品牌。我選擇參考美國品牌「Everlane」，它們的衣服大多數是米色，看起來乾淨俐落，它最符合我想要的風格。照片上是色調柔和的襯衫與牛仔褲的穿搭，另一張照片則是基本款Ｔ恤配上及膝的裙子，我截取這兩張照片，然後讓它們深深地烙印在我腦海裡，告訴自己不是這種風格的衣服，我就不能買的決心！

　　這方法也對衝動性的消費習慣有良好影響。每季推

出的新服飾、電視劇中演員穿的洋裝、上網時看到促銷的大衣…等，縱使降低了購買慾，卻很難斷絕對衣服的喜好。為了買禮物走進百貨公司時，或是跟朋友去鬧區逛街時，我就很難不瞧瞧店家陳列的衣服，也會看上流行又漂亮的衣服。這時只要回想我腦海中的穿衣風格跟衣櫃使用規定，就能抑制購買衝動，這個方法真的很管用。

原來找尋滿意的衣服也是不容易

　　儘管衣服買得少了，減少了衝動購買的次數，但還是產生了其它問題。因為我對衣服不感興趣，所以連買件立刻要穿的衣服都變得困難。當我從澳洲回到韓國時，必須買件能抵擋韓國寒冷天氣的羽絨外套。為了買到那唯一一件能放進衣櫃的衣服，我很認真地逛服飾店，雖然我有試穿不同價位、不同款式的羽絨外套，卻沒有一件滿意的。

　　我想買的羽絨外套，希望長度能遮住屁股卻不過膝，有沒有附帽子沒差，但是帽沿不要有一圈絨毛。再者我希望它不要太大件，只要穿起來溫暖就好，當然它得跟我平時穿的衣服也能搭配。

明明這裡有好多羽絨外套可以選擇，買一件想要的款式應該是易如反掌的事。但是因為過於挑剔的購物標準，導致花了很多時間在挑選衣服。

　　要是之前的我會覺得，反正只是買件羽絨外套沒必要花費太多精力，挑選到一半就會放棄，也有可能去看別的衣服。然而現在的我只想買到真正喜歡的衣服，不只是衣服，日後我所擁有的所有物品，都是相同的標準。因為我只希望掛在我家的衣服能夠長長久久的穿著，對我而言比起隨便買十件衣服，我更需要真正喜歡的那一件衣服。

實行極簡生活後，
意外得到的自由

　　這幾個月來，我不停歇地一直清理東西，整理時明白了一件事，就是我長久以來「硬是」帶著這些沒用的東西生活著。舉例來說，深埋在抽屜櫃裡面的太陽眼鏡與手錶、搬過來後一次都沒穿過的衣服、堆積著滿滿灰塵的電子產品包裝盒…等，這些東西自然而然地成為累贅。不自覺使我的人生與生活變得沉重，讓我該做的事永遠都做不完。這些東西雜亂無章地放在我的生活空間裡，若跟這些東西對到眼時，它們好像小小聲地對我嘮叨說：「妳應該要盡快整理啊！妳現在不能休息，快點打掃啊」！

　　不需要的東西一一消失後，我的生活變得比想像中更舒服。第一、降低了家事帶給我的壓迫感，第二、清

掉多餘的物品，讓家裡不雜亂看起來更舒服了，第三、不僅是清理累贅物品，就連一直以來的複雜心情也一併解決。

從「為消費而消費」中解放出來

從小到大我的生活重心就是不斷地消費，小時候到了領零用錢的日子或是拿到紅包，一想到可以花錢我就很開心。腦海中總是有張「我想要的物品清單」，購物會帶來喜悅，若無法買會感到痛苦。

為什麼我會這麼想買東西？首先，我藉由各種管道接觸到形形色色的廣告，無意間對它產生了興趣。不知不覺之間我想買的東西逐漸變多，當然我無法擁有所有東西，但是無法擁有我想要的東西時就會覺得很痛苦。

無意間在ＦＢ或ＩＧ上看到的資訊，像「去海外旅遊必買」或是「免稅店必買」這類的文章時，總是會感覺到唯有將這些東西買回家才不會虧到。縱使不是為了購物才去旅行，不過每次只要有去免稅店的機會時，內心都會變得焦急。明明沒有缺什麼東西，卻硬是要逛一逛賣場，至少買條口紅才能走出店家，就算心裡的某個

消費的枷鎖

聲音告訴我什麼都不需要，但是我卻毫不在意，因為重點是在我「買了」什麼。

回顧從前我被名為消費的枷鎖套住自己，我曾是只會一直花錢的人，買不起想要的東西時會感受很痛苦。與其說是因為需要它，倒不如說是因為買不起而感到的挫敗感讓我很痛苦。

照字面上來看，消費就只是消費，就算無法消費天也不會塌下來，我的人生也不會有任何改變，話雖這樣說，但我的人生仍舊只專注於賺錢與花錢。

截至目前購入的東西，我看著它們輕易地被清理掉的同時，消費慾望也逐漸減弱。現在只想買我能負擔的以及所需的東西。我打算在無孔不入的消費資訊中把持住我的心，反正這些物品最終都得被清理。然而意志不堅定的我，依然在眾多誘惑中動搖度日，不過我有感覺到我變得比較堅定一些。

無條件地遠離追求流行的生活
縱使我不是追隨流行的人，但是我沒辦法在時代潮流中，無視流行的東西，唯有去一趟熱門的網紅景點，品嚐那邊的食物及打卡，我才感到滿足。

因為我想知道那裡到底是有多美、食物有多好吃。
然而自從開始極簡生活後，比起追求流行，我更加注重
「我喜歡的是什麼？」「讓我快樂的是什麼？」「適合
我的是什麼？」這些事情，現在才瞭解到沒必要盲目地
去跟從。

我的意思不是追求流行是件不好的事，而是忽視
自己的喜好及生活方式，一昧地隨波逐流的這種生活是
我該警惕的。今後我也想不斷地找尋，專屬我的生活風
格，一邊思考著人生方向，一邊知足地過生活，就算不
跟風我也能過著舒適又愉快的人生。

偶然成為極簡主義夫妻

　　當我宣告要成為極簡主義者時，老公對極簡主義一詞並不太感興趣。他完全不清楚極簡生活是什麼，還有我想要實現的目標是什麼。然而那天之後我認真地找出且清理掉用不到的東西，老公看著生活習慣逐漸改變的我，對我說：「說不定我想要的生活方式也是極簡生活」，於是我們就這樣成為極簡主義夫妻。

　　有趣的是，老公在遇見我之前就已經是個極簡主義者了。從跟家人住的房子搬到新婚住家時，他的行李比我從韓國移民過來的行李還要少，這就能確信他比我更像極簡主義者。再加上他跟我不一樣，他對消費完全沒慾望，老公過著簡單又務實的生活，他已經是半成型的極簡主義者，只是他的生活方式沒有很規律而已。

我待在家的時間比老公還多，所以他的東西我會以我的標準挑選出來，等他下班回家後，再跟他確認有沒有不要丟的東西，因為這些東西不是我的，所以必須這麼做。起初老公也會一一翻看堆放在客廳的東西，看完後跟我說可以丟，但是現在卻連看都沒看就先找垃圾分類的袋子，反倒是我在丟棄的時候，會感到些許猶豫。老公在物品前面都很「酷」，他能夠輕易地從自己的物品中，挑選出要賣的跟要丟的，他留下的東西跟我比起來，明顯的少很多。

　　輕易就能將不需要的東西給清理掉的他，又怎麼會有這麼多的東西呢？當然他不像我這麼愛亂買，他的東西大多是像維他命這種營養補給品、按摩器具、鞋子或衣服…等生活用品。在他決定以極簡生活方式改變自己後，就像是迫不及待要丟掉很多東西的人，馬上開始付諸行動。

當他認知到「這些物品在家裡也只是佔位子，丟掉並不會影響到日常生活」，所以在清理上變得毫不猶豫。而他看到變乾淨的家以及變整齊的衣櫃後，他比誰都還滿足。

　　我嘴裡說著生活風格、極簡主義者，自豪（？）著全新的生活方式，但老公卻跟我不同，他就跟往常一樣清理東西，減輕生活的負擔。

　　雖然我們是戀愛結婚，但是我們之間存在著一道未能縮小的縫隙。老公每次買東西的時候，總是過於慎重，搞得我好鬱悶，他無法理解為何我叫他隨便買一買就好。然而我們現在因為極簡生活使縫隙密合了，到了結婚的第三年，我們才能好好理解彼此，過著幸福且滿足的極簡夫妻生活。

在成為極簡主義夫妻後的改變

　　我們曾是不懂持家的新婚夫婦，沒有能力整頓生活空間，生活被一堆物品包圍著。在雜亂的家裡，我的心情總是很煩悶。因為思緒很亂，加上有做不完的家事，而累積了很大的壓力，不過也要怪我總是自己把事情悶在心裡，所以我經常把下班回家的老公當成出氣筒，導致我們時常吵架。

　　那時老公明明有提議說我們一起做家事，而我卻認為不上班的我，要多做點家事才是對的，盡可能想要獨自解決。卻發現家事已經超過自己能負荷的上限，我累積的不滿情緒一股腦地向老公宣洩，兩人常常為了這種小事而鬧得不開心，我幾乎每天都會對老公生氣或發脾氣一次。也許我是想證明，我也跟你一樣努力、辛苦地過日子，我只是想表現出別人看不見的辛苦吧？

減少吵架

慶幸的是，這幾個月以來，清完東西後我們的不滿情緒也消失了，因為東西減少、家事也跟著減少，當家事不再感到吃力，心境變得輕鬆許多。心情變好後，有了想要理解對方的想法，不想要再為瑣碎的小事消磨感情。在生氣前先試著溝通，就能減少吵架次數。即使我們依然會為了一些誤會而爭吵，但是不同於以往的是，我們都能很快地解決。我們之間產生的這巨大變化，可以說是因為我成為極簡主義者的關係。

對待紀念日的態度

初次交往的那天、結婚紀念日、我跟老公的生日、聖誕節及跨年等，我們每年為了要慶祝這些紀念日，一直在買禮物送對方。不只是結婚前，結婚後我也依然期待著老公送的禮物，當然我也會為老公準備禮物。明明我們都很清楚對方沒有其它需要的東西了，但還是會為了買禮物花費時間與金錢，於是我們決定不再這麼做了，因為現在的我們已經不一樣了。

我們（其實是我）降低了物慾，收到禮物反而會感到負擔。所以我們決定在紀念日，以飽含心意的手寫

信、短暫的旅遊、或是兩人溫馨地享用美食，來代替送禮物。

在成為極簡主者後，第一次和老公過了一個沒有禮物的生日。我們到附近吃飯、去歌劇院走走、逛逛周邊舉辦的法國美食祭。生日的後兩天就是我們的結婚紀念日，我們就打算來個三天兩夜之旅，享受久違的假期。這種隨興自在的慶祝方法，原來比較適合我們。

沒有禮物的紀念日一點都不覺得可惜，重要的不是紀念日，而是一起相處的時間和過程。並不是說絕對不送禮物給對方，如果有需要偶爾還是會享受送禮、收禮的喜悅，但是僅限實用性的物品。

學習相互尊重的方法
雖然我和老公很享受極簡生活，不過也有很多時候無法決定要不要丟掉某樣物品，而且我們對於物品的實用標準和想法也不太一樣。

所以當要更換或是購買一個小東西時，都需要透過充分的溝通，聆聽彼此的意見。因為對我來說不需要的東西，有可能是他需要的物品。特別是在家中二個人一

起使用的物品，就必須要尊重對方的意見。

　　我老公的觀念是，如果那樣東西能讓心靈或是身體放鬆，就算會佔據很多空間或價格昂貴，都有可能會買。舉例來說，我是個只要在厚墊或是薄蓆子上就能睡覺的人，就算沒有床也沒關係。許多極簡主義者會把寢具鋪在地上當作床，我也想要試試沒有床的生活。不過對睡眠很在意的老公，就非得要有彈簧床才行，再加上坐在床上時，要有一定的高度，所以床架對他而言也很重要。因此床架及床墊就繼續留了下來，而我們兩個都睡得很舒服。

　　當我們把物品一一拿出來討論要不要清理時，彼此都有自己堅持的理由，所以清理物品的速度也會因此減緩。不過沒辦法獨斷獨行，因為不是自己一個人住。
　　我們是住在同一個空間裡的生命共同體兼極簡主義者，同時身為夫婦尊重彼此的生活方式，並學習互相尊重的方法。

　　在那過程中，讓我察覺到目前擁有的物品已足夠，所以覺得很感恩。雖然仍有感受到不如別人的時候，但

那時候我和老公彼此會互相安慰。當然難免會有莫名的焦躁和不安，不過也一直期待著未來會變得更好、更幸福。很慶幸和老公一起成為了極簡主義者，有彼此作為依靠感到很踏實。

Chapter4
重新打造我們的新家

兩個星期的「終極極簡生活」

在我滿30歲的那年，答應了和戀愛兩年半的老公結婚。同時，在我的人生中還有一項重大抉擇，就是結婚之後要搬到澳洲和老公一起生活或是要留在韓國生活。老公把決定權交給我，我當時內心只想要到國外住看看，於是決定移居澳洲。而老公當時還是學生，當然他也希望能留下來完成學業。總歸一句話，我決定移民澳洲。

在那之後過了三年，那段期間我成為了極簡主義者，而老公時不時會問我，要不要回到土生土長的韓國，做自己想做的事？雖然在澳洲的生活也很不賴，但畢竟不是自己熟悉的生長環境，難免會感到寂寞。比起當初要移民到澳洲那時候，回來韓國的事我花了更多時間思考。

決定了，我要回去韓國

到了要回韓國的前兩、三週，因為全部的家電用品和傢俱，要在澳洲處理掉才能離開，所以老公和我認真地將物品上傳到二手網拍。我想像著若到搬家那天，行李未能全部處理完，家裡還有一堆東西的畫面，不禁開始焦躁了起來，逼迫自己要快點把東西賣出去，於是我們家一下子就只剩下兩張小板凳、書桌、床、吸塵器、快煮壺和冰箱。空蕩蕩的家，比起之前的生活更為不便，不過老公和我很自然地接受了這樣的情況。可能那段時間有想嘗試，住在「什麼都沒有的家」，而現在能有短暫體驗的機會，所以也感到小小興奮。

最大的改變是用鍋子煮飯，將泡好的米用大火和小火煮十五分鐘就完成了。光聽會覺得好像很簡單，但從來沒做過真的沒那麼容易。一開始飯煮的半生不熟，想要有鍋粑但把飯都燒焦了，嘗試了好幾次，最後才抓到煮飯的訣竅。

用電子鍋煮飯時隱約被浪費的飯量有點多，不過礙於鍋子不保溫的特性，所以我只會煮要吃的量。只要火候控制的好，就能煮出美味的鍋粑，我們漸漸更喜歡用鍋子煮飯了。因為這種種原因，我們決定回韓國生活時也不需要電子鍋。

包括體積大、搬運麻煩的洗衣機，在豪氣轉手送人之後改用手洗，不，是用「腳」洗！在浴缸裡放入水和要洗的衣物，用無患子網袋搓出泡泡後，和老公肩並肩認真地踩衣服，到目前為止都是以前沒接觸過的事，所以覺得很有趣，甚至也興起了以後沒有洗衣機也能生活的念頭。

但問題在於脫水，把含有水分的衣物一件件拿出來，拉著兩邊用力扭轉把水擠乾，我想⋯在衣物脫水前會先脫水的是我們。隔天，我們因為肌肉痠痛而無法活動，連續兩週我和老公共體驗了三次用腳洗衣，深深感受到洗衣機是不可或缺的物品。

把餐桌和椅子賣掉後，也在輔助用的小桌子上吃飯。也曾和老公在狹小的桌子上肩並著肩工作，等吃飯

時間到了，就必須把書桌上的東西收拾乾淨，工作時書桌上會放筆電、原子筆等各樣物品，所以每當要清空再還原就覺得很麻煩。

下個房子裡要分別放一張餐桌和書桌，如果不行盡可能買張大桌子。幸好還剩下兩張板凳，白天當作書桌的椅子，晚上可以用來放電燈或是手機，當作臥室床頭桌使用，是比想像中還要實用的傢俱。

因為沒有了沙發，所以也沒有能舒服坐下休息的地方，和老公在客廳裡來回走來走去。也曾試著直接坐在地板上，但是地板太冰了，坐不到一分鐘就趕緊站了起來。在客廳裡走來走去，最後只好走進房間躺在床上，躺著躺著就來了睡意，但還有很多事要做啊！不管怎樣，那張短小粗壯、能舒服休息的沙發，對我們來說是必需的物品。

送走了豐富我們夜晚生活的電視後，我們就把筆電放在桌子上，用它播放電影或節目來看。一到晚上就把桌子挪到床前放好，我們就倚著床頭觀看，早上再搬回客廳，就成了一個固定的模式。起初覺得很麻煩，不過連著幾天重複這過程，不知不覺也就習慣了。

雖然許多物品消失了，不過神奇的是我們竟然能適應。沒錯，人類可真是適應力強的動物啊！話雖如此，但我卻無法輕易斷言，沒有這些東西也能生活一輩子。

　　因為我很清楚空無一物的生活，最長兩週就已經是我的極限了。不過也在這樣的生活中有所收穫，多虧有了這樣的經驗，我們在韓國處理新家的傢俱時，能輕鬆分辨出我們需要的和用不到的物品。洗衣機、冰箱、提供良好的睡眠品質和休息用的床與沙發、還有餐桌都是必要的。我是覺得沒有電子鍋也能生活，餐桌和書桌其實只要一張大桌子就能解決了。啊！還有收納櫃越小越好，因為我不想要再增加物品了。

×
 ×
×

我希望搬家的行李只有
「一個行李箱、背包和登機箱」

　　來到搬家中心，把包含冰箱等大體積物品，全都寄送到婆家，大部分整理掉的都是不會帶回韓國的家電用品。打包好要帶回韓國的行李，以及打掃完屋內，這間房子要做的事就真的全部結束了。在返韓的三天前，就一直在打包行李，希望能全部塞進一個大行李箱，但是裝了又拿出來不斷重複，因為仍然有很多物品無法全塞進去，馬上就要回到韓國了，卻因為猶豫不決而無法完美地整理乾淨。

　　不管再怎麼減少，依舊超過我們能攜帶的數量。必要的物品當然是要帶走，不過因為有更多苦惱著要不要丟棄的物品，實屬不易。開始極簡生活的十個月以來，

即便努力地清理物品，但目前為止怎麼還是有這麼多東西，我被這事實嚇到了。似乎感覺到現在還是對物品充滿了慾望，我不禁笑了出來。我們需要的東西真的不多，那為什麼還擁有這麼多東西呢？

東西全都清除後，直到要歸還住家鑰匙的前一刻，都還有二手買家到我們家來拜訪。因為還有很多可用的東西，我不想要輕易丟棄。一個沒賣出去的碗、一個沒丟掉的杯子，都免費送給有需要的人。就算這麼做，也還是有東西留下來，兩袋200L的塑膠袋裡，分別裝有衣服、鞋子和包包，都拿到捐贈的地方。每個冬天一定要穿的羽絨外套、不知不覺間穿破的洋裝、包包、兩雙皮鞋和結婚典禮上穿過的婚紗，全都在裡面。

只因自己認為有一天會再穿到的眷戀，無法清理掉的衣服和鞋子，在馬上要搬離的緊急狀況下，才能冷靜地將它們放下。我還以為離開這些東西會捨不得，不過當完全清理乾淨後，反而有種舒暢的感覺。要是沒有搬家，這些眷戀的物品依舊會留下來吧。直到都清理乾淨了，現在留下來的物品，沒有一項是用不到或是只剩下眷戀的。

減少的行李再次從頭開始打包，終於完成了要帶回韓國的行李最終版。一個30吋的行李箱、一個背包和一個登機箱，全都是裝我自己要帶回韓國的物品。

　　比我晚回來整理的老公，分別帶著一個25吋、20吋的行李箱和一個包包。還有一個裝有冬天會用到的毛毯、厚外套和書，近18公斤重的巨大箱子，已經先拿去郵寄了，老公的東西比我想像中的還要少。機票不用加買公斤數，就能載運我們全部家當，仔細看看好像跟我當初搬到澳洲時，所帶的行李差不多。不……好像比那時候更少。

　　把行李放上車做最後的打掃，在澳洲是整理完物品後連同清潔都必須要自己做，給不動產代理人確認過後，押金才會還給我們。窗戶夾縫和地板都擦得亮晶晶，還打開窗戶通風，打算最後擦完門就離開，過去三年來的回憶如同跑馬燈，莫名地感傷起來。搭著車前往機場的時候，用相機和眼睛把我們原本的家記住，向我們第一間新婚住家獻上感謝。

從澳洲帶回韓國的物品

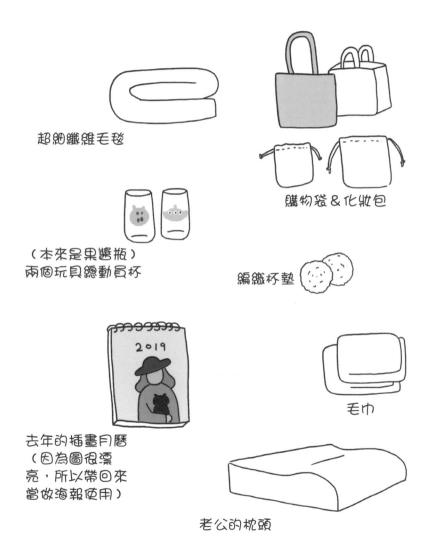

超細纖維毛毯

（本來是果醬瓶）
兩個玩具總動員杯

購物袋＆化妝包

編織杯墊

去年的插畫月曆
（因為圖很漂
亮，所以帶回來
當做海報使用）

毛巾

老公的枕頭

重新找房子，並佈置我們的新家

　　和老公一起在韓國找到了新的住所。屋齡22年，使用面積39.82平方公尺的公寓，有一間客廳兼餐廳的大房間，還有一間能容納一張床的小房間，是間常見的小型公寓型態。計算了一下，比起我們在澳洲住的房子坪數要小，不過我們要在韓國展開新的極簡生活，所以這樣已足夠。再加上鄰近地鐵站，而且周邊生活機能便利，地點很不錯。

　　不過，一開始去看房子時，並沒有感受到這就是「我們的家」。在澳洲居住的房子，從一開始進去就有「這裡就是我們的家」的感覺，並且內心迫不急待地想住進那裡。而這裡一開門進去，不順眼的地方不只一兩處，如：令小房子看起來更小的天空色壁紙、前租客到處打洞的痕跡和遺留的物品等等。只有看到新裝潢不久

169

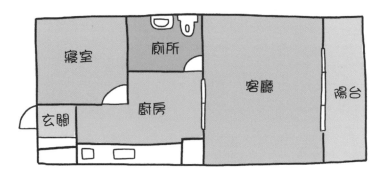

的廚房和廁所，我才感到一絲絲欣慰。

最初剛回來韓國時，就想住在「什麼都沒有的房子」，看到極簡主義的書籍中，出現的空蕩蕩的家，感受到生活更有餘裕的同時，我也想住進那裡，不過馬上就與我們的生活方式出現矛盾。在家工作的我和在澳洲生活許久的老公，我們的生活風格需適當結合，依據自己的生活模式佈置我們的小公寓。

我們先決定隔出生活空間和睡覺空間，小房間只當寢室用，客廳就作為生活空間。下一步要來繪製平面設計圖，思考傢俱該如何擺放，怎樣做空間才能更有效地被利用。因為這小空間會成為我的辦公室，以及放鬆的休息處，所以必須更慎重才行。就這樣經過了一個月，看看我們是如何佈置這房子吧。

寢室（小房間）

唯一的小房間裡放了一張加大雙人床，一張床就把整個房間佔滿了。也因為如此，小房間是個能夠好好睡覺、休息的空間。不過無法放在客廳裡的物品，也必須收納進來，我決定把弟弟用的大鏡子放進來，還有能夠收納藥物、化妝品之類的鐵製收納盒。

原本打算放一個稍大一點的收納櫃，結果這樣卻把房間塞到沒空間。減少物品的量雖然容易，但要減小現有的收納櫃卻很困難，乾脆就買了一個小的收納櫃。

我還買了一個落地燈，房間本身是用白色LED燈，但出自於我的慾望，我想要房間的照明是溫和的黃光。這也是我們家唯一的落地燈，要在客廳工作的時候也會把它挪至客廳，是我們家最常被移動的物品。

客廳

寫作、繪畫、影像編輯，我大部分的工作都在書桌上完成，書桌對我而言是不可或缺的傢俱，當然餐桌也很需要，因為要在餐桌上吃飯喝茶。結論就是我們需要餐桌，也需要工作用的書桌。不過這間小公寓沒辦法容納下一張餐桌和書桌，就用一張桌子負擔起全部的角色。

在澳洲有連續兩週，都和老公共用一張小書桌工作和吃飯的經驗，家裡若是只能擺放一張桌子，我想大一點的會最適合。既然如此，我就買了一張能舒適接待客

人，160×80公分寬的大桌子。

不只是這個，我還買了一張兩人坐下還有空間的大沙發，因為我們是喜歡窩在家看電視的宅男宅女。

接著是電視，我們認為在晚上看一部喜歡的電影，吃著零食、邊喝紅酒邊聊天的時間很珍貴。所以我們約定好回到韓國，一定要買沙發和電視，不過那個願望遲遲沒有實現，因為沒有適合放電視的空間。

一開始有想過把電視掛在客廳牆壁上，不過我是新租客沒辦法隨意釘釘子，如果買一個僅拿來擺放電視的電視櫃，感覺又太過巨大。遲遲無法做出決定，所以有段時間過著沒有電視的生活。尚未整理好的物品一直放在客廳地板上打滾，整理這些物品需要有個能收納的地方。雖然電視櫃是大傢俱，不過也是個可當收納櫃使用的傢俱，所以就決定讓電視櫃進入家裡。

我買了一個和書桌很像的電視收納櫃，結果電視收納櫃成了我們家中最喜歡的傢俱。當然滿意度極高，因為是考量到實際生活有需要才買的。

因為房間太小，所以衣櫃只能放在客廳，也下定決

心不把太多空間留給衣服。我希望衣櫃盡量輕巧，一開始打算用吊掛的方式，不過把衣服單獨吊掛在客廳會沾灰塵，而衣服上的灰塵會在空氣中飄揚。再加上衣服若沒有收納好，小房子只會看起來更加雜亂。

所以結論是有個衣櫃會比較恰當，尋找了各種傢俱，既然要買就想買個耐用的，其中有一個看起來很牢固的原木衣櫃，我觀望好一陣子，不過它實在太笨重了，在諸多考量下，我們最後買了一個宜家松木吊掛兩格架。這個衣櫃沒有門，只有木架子，雖然不是很堅固，不過卻能吊掛許多衣服。又因為是組合式，能夠再次拆解，也能依據需求調整大小。不管怎樣，之後若搬去有壁櫃式衣櫥的房子，這還能做其他用途，我們往後幾年會經常搬家，所以要為下次搬家做打算。

比起單純買一個衣櫃，不如購買能做多種用途使用的衣櫃會更好。明明我們還有更好的選擇，但正如前面所説，就算我想留很多空間給衣服，但我也不想花太多的錢，因為以後的日子，我想要衣服越來越少。

寝室

客廳

廚房

一開始我就打算購買340L的大型冰箱,「從孩子出生那刻起,冰箱空間一定會不夠用」,在媽媽的強力建議下我決定改買460L的冰箱。雖然沒有馬上計畫生小孩,但誰又知道之後會如何呢?因此我鐵了心做出此決定。就算這樣,媽媽說至少要買800L才夠冰一家子的食物,重複唸了好幾遍。

就算有新成員誕生,我也相信460L的冰箱就很夠用了。我們的第一個冰箱容量是420L,而我和老公三年來一次也都沒把冰箱塞滿過。澳洲的新婚住家距離大型超市走路只需五分鐘,因為沒有車,一次要買大量的東西也很困難,無意間就養成了吃多少買多少的習慣。

我習慣只存放和老公兩個人約一個禮拜的份量,先想好要做什麼來吃再買食材,沒有囤放和吃不完會壞掉的問題。在韓國也想用這樣的方式填滿冰箱,這也是讓懶散的我們,方便管理冰箱、也能保持乾淨整潔的方法。

我們家的冰箱若是空蕩蕩的,就表示到了要去買菜

的時間。媽媽偶爾看著空空如也的冰箱，以為我們過著
挨餓的日子，不禁嘆了嘆氣。但是媽媽完全誤會了，其
實我們過得超好。

搬新家決定不買的物品

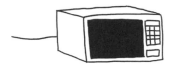
微波爐
理由：使用頻率不高

地毯
理由：清理困難

玄關踏墊/廚房踏墊
理由：1.不需要2.還要
清潔、替換

電子鍋
理由：開始用鍋子煮飯

相框
理由：把圖片或照片
直接貼在牆上更棒

盆栽

理由：1.不太會種植
2.不想以裝飾為理由
購買植物，等到我能
好好照料它們的時候
再購買

裝飾品
理由：擁有的已經夠多了

是時鐘還是玩具

　　我很喜歡迪士尼卡通的米奇，也許米奇是讓我夢想著想要製作動畫的原因吧，所以才會更加熱愛。從我很小的時候就在收集米奇玩偶，只要是畫有米奇的東西我都想要。在成為極簡主義者後也是一樣，米奇總是刺激著我的消費慾望，「雖然不需要，但都很想要」。

　　即使現在的我消費比以往慎重，不過如果要完成「去到迪士尼樂園，什麼都不買就出來」的任務，我很確定大概會百分百失敗。而且我還不是只要畫有米奇的物品，都想要帶回家的收集狂，都不知道這有多慶幸啊！但是我做夢都想不到，我竟然會成為極簡主義者。

不管有多喜歡米奇，現在我也只會用眼睛享受。就算看到限量或獨家的商品，我也用堅強的意志力死命忍住。配合2020年庚子年（鼠年），出現了各種品牌和迪士尼聯名的米奇商品，原本只是純欣賞，想說可以好好忍住的，結果…最後還是偷買了一個。

幸好它不是中看不中用的，它是我們家需要的物品之一，就是在那上面加了「一滴」米奇人物的桌上型時鐘！

反正家裡需要一個時鐘，這明顯是必要的消費。雖然運費比時鐘價格還貴，但因為是一直想要的物品，就爽快地輸入卡號按下結帳。購買處是ebay，物品從遙遠的美國伊利諾州送出，需要經過一個禮拜的時間，才會配送到我們韓國的家。

說起這個時鐘，推斷是1980年製造（已找不到正確的資訊），是個很古老、「復古」的時鐘，是已經停產的物品。因為沒使用過，所以外觀全新，甚至背面還貼著那張全新的貼紙。雖然外面有點磨損，不過還有外盒，以及沒有意義的產品保證書。問題是我不知道這個

時鐘這麼小啊！大小只有小拇指的長度，時鐘部分就跟手錶的錶面差不多大。

從遙遠的美國寄來，打開包裝應該要很欣喜才對，不過卻笑不出來。有種不該買的感覺，我剎那間驚醒：

「啊，我又衝動購物了啦！」

米奇破壞了我自以為堅定的購物原則，攻破了我的皮夾，最後還到了我家。我安慰自己「我是購買必需品」，來合理化我的衝動消費。但我必須承認，我只是買了一個完全無法發揮作用，根本不像時鐘的裝飾品！

該說是幫了大忙嗎？因為在那之後我的消費慾望就「咻」的一聲，消失的無影無蹤。我將購物原則記得更加牢固，決定之後把米奇視為石頭。

過了幾個月，米奇時鐘，不～是購買裝飾品這事，並沒有讓我更加愧疚。雖然它小到距離稍微遠一點就完全看不到時間，不過因為它太～可愛了，可愛到不行。反正事已至此，我打算負責這時鐘一輩子。米奇時鐘啊！我會成為你最後一個主人的。

是時鐘沒錯啦……

我可以買米奇時鐘嗎？

剛好也需要一個時鐘，買吧！

嗯

不久後

時鐘買回來囉！

這是時鐘

不是我所想的時鐘啊…？

我以為是掛鐘、桌上型時鐘那類的…

要非常仔細看，才看得到時間。

×
　×
×

放棄購物網站的VIP資格

為了裝潢新家，一整個月都在購買必需品，現在連思考還要買些什麼都感到厭煩，雖然嘴裡不停撈叨，正想要停止購物的時候，我收到了一則經常購物的居家購物網所傳來的簡訊。

「恭喜妳！升級為我們的VIP」。

看到VIP三個字沒辦法不驚訝，我也很慌張，究竟我買了什麼能夠成為VIP。我買了床架、兩張椅子、鐵製收納盒、炒鍋，還有在娘家住的期間，要使用的床墊而已。就算只是買必要的物品，卻也莫名的緊張，因為VIP這個詞和自律的極簡主義者，多少有點距離。

上網研究了一下才知道，原來VIP等級是過去六個

月來，消費了50萬韓元（約台幣1萬4千元）就會自動升級，折扣也沒特別多。在商城裡購買物品，回饋金從1%增加至3%，是個開心的消息，累積回饋金在之後購物時，至少能派上用場。

居家用品網站對於要搬家或增添生活用品的人而言，是個很好的參考方向。像我對佈置毫無概念，它會提供裝潢方式、物品，依據種類或設計分類好，讓你輕鬆買到所需的商品。而且它也會放上一些已經佈置好的居家照片，觀賞別人的漂亮居家又名「線上喬遷喜」。不過如果一直觀看別人的家，會很難抑制自己的消費慾望。

若是以前的我，希望家裡看起來更漂亮，百分之百會不斷把物品放進購物車裡。但對於現在已經是極簡主者的我來說，沒有「一定要把家裡佈置的很漂亮」的念頭，目前已經有足夠的傢俱，而且也決定不為了裝飾而過度消費，只要把必需物品買齊全就好。

即便如此也有無法從消費中脫離的項目，那就是廚房用品！該買什麼樣的鍋子、工具以及收納用品，因為我對廚房用品沒有半點概念，所以該買什麼、該挑什麼都很困難。每到這時候我就經常在網站上搜尋，先參考已購買的人的評價，然後挑選出CP值高的商品，也能獲得如何整理廚房的好點子。

原本只是找需要商品的我，也會克制自己的目光，從那些漂亮的碗盤、食器上移開，因為這是我作為極簡主義者該有的態度啊！就是不能過度消費！相信很多新手主婦，很容易被網站上的推銷及廣告吸引，「這好划算！評價也不錯耶！」購物車裡不知不覺就裝滿了一堆鍋子和工具。

還好在網購的時候，養成了就算物品放進購物車裡，但也不會馬上結帳的習慣，會先觀望幾天再做最後決定，這是網購的其中一項好處。就算不馬上結帳，也不用覺得不好意思。

常常逛了許久，購物車裡放了幾項物品，但很擔心是否又是衝動購物，怕思考不夠仔細，所以遲遲無法結帳。但是幾天後，發現我們家就算沒有那些我想買的物

品，也完全沒有不方便。也就是說，我們家廚房不再需要其他東西了。當然也就把放置在購物車裡的物件全都刪除，現在真的能確定不用再買了。

我毫無眷戀地把所有購物網app都刪掉了，終於從購物地獄解放啦！

「哇！居然可以不用再買了」！

我不知道買東西竟是件這麼辛苦的事，「花錢是這世上最有趣的事」，這句話已經成為過去式。我現在只買生活中必要的東西，結束了漫長的消費，那段期間以來堆積的疲勞煙消雲散，接下來的時間就好好整理我們的新家吧！

有比物品更重要的關係

　　搬回來韓國的第二個月，辦了第一次的喬遷之喜，朋友和朋友的老公、六歲的小朋友和我們總共七個人，熱熱鬧鬧地擠在這間小公寓裡。雖然家人已經來過好幾次，但還沒正式邀請過客人，而且又是第一次邀請這麼多人，我和老公都很是擔心。我們家小、東西又少，應該會很不便。雖然知道朋友們都能理解才過來的，但我還是希望他們待在我們家中的時間能感到舒適。

　　所以我決定去買招待客人用的折疊式椅子，於是開始搜尋各式各樣的椅子，「買幾張板凳，平時可以疊起來，等到有客人再拿出來用」、「原木折疊式椅子好嗎」、「不佔空間的鐵製椅子呢？」我思考了好幾天，結果我決定用我們家現成的大沙發和兩張椅子，還有折

疊梯椅來接待客人。

折疊梯椅是家裡沒有椅子的時候，為了要掛窗簾跟娘家借來的。粉刷的時候也經常會使用到，打開後坐下來的高度也很剛好，折疊起來也好收納，是個代替椅子的好方案。

再以購入的坐墊代替多餘的椅子，這坐墊平時可以放在椅子上使用，也可以鋪在客廳地板上，如果像喬遷之喜來的訪客多時，就把它放在地上，真的是一石二鳥消費法。

老公和我在前一天，已經先把桌子、沙發、椅子、梯子及坐墊都分配好。雖然在意參差不齊的椅子高度，但卻變出最多可坐八個人的位子。比起高的椅子，矮的沙發更加不舒適，所以我們決定坐沙發。

終於到了喬遷之喜那天，到了約定的時間玄關外就傳來鬧哄哄的聲音，大人們和小孩一一進到我家。一開始覺得家裡很擁擠，當大家分散參觀我家後都說：「相較於實際面積，家裡看起來很寬敞、乾淨，你們的家很

棒」。

　　喬遷之喜的餐點部份，我準備了澳洲式的越南春捲，比起傳統的越南式作法，餡料更加多元豐富是澳洲式的特點。依照在澳洲時婆婆做給我吃的方式，然後去掉我們不吃的香菜和薄荷葉。越南春捲看似費工，其實只要將材料事先備好後，大部分都是在吃醬料的味道，這也是一道很適合料理新手接待客人的佳餚。客人可以選擇自己想吃的餡料，越南春捲的配料也可以利用各種食材，減少廚餘的量。剩餘的食材之後可以做沙拉來吃，或是當成紫菜飯捲裡面的餡料來吃也很棒（又名LA紫菜飯捲）。

　　我已經事先提醒朋友們，不要買祝賀的禮物，因為該有的都有了，真的不需要再花錢購買。若是想買就買大家可以一起喝的東西，雖然我很清楚朋友們的好意，但我們真的不需要。一起享用買來的食物，度過歡樂的時光就很足夠了。

　　喬遷之喜結束後，朋友的老公一直很在意未能準備

一份正式禮物，於是傳來了一封簡訊：「感覺你們對買東西很慎重，所以我也沒能準備什麼，如果有任何需要的隨時跟我説。」只是一封簡訊，家中的空曠感頓時被溫暖的友情豐富了起來，因為朋友們能夠理解我們的生活方式，我感到好溫暖，對我來説比起物品，更有價值的是人。

我想給我自己愛的鼓勵

　　一整年都在清理的兩個人，面臨了要再次裝潢佈置的情況，在空無一物的家中，必須要一一放入需要的家電、傢俱、廚房用品及私人物品。老實說一開始很興奮，也很懷念有正當理由花錢的感覺，也期待著我們的極簡之家。就算買一雙筷子、一根湯匙也很慎重地挑選。雖然網路上的選擇種類很多，不過我想直接確認，就去了實體賣場。因為是要用很久的物品，花了很多時間在試坐、試躺、試摸。如果不這麼做，搞不好用沒多久就會後悔，所以不斷貨比三家。

現在已經不想買了

一次買太多東西太勉強了，對我們來說之前已經裝潢過澳洲的住家，然後又要搬家清理，之後再次佈置新家雖然駕輕就熟，不過那也是很花精力的事。後來我們決定一邊生活、一邊慢慢地佈置。只要一有需要的物品，我就會和老公討論要不要買。1萬韓元（約台幣277元）以下的便宜貨也一樣，尤其是組合套裝販售的商品一律不考慮。雖然每件物品平均下來較划算，但我不想買了像五件式鍋具組或各種形式的碗盤組後，某幾樣卻用不到而永遠擱置在那。

每當產生有需要的東西我就會先嘆氣，因為我真的不想再買了，倒不如快速解決，因為比來比去還更花費時間，總之現在購物對我來說，是件需要很閒的時候才有心情去做的事。

問題是買東西這件事，在我人生中沒辦法完全結束，因為會不斷產生需要購買的東西。可能我這輩子都會和現在一樣是個消費者，所以不斷提醒自己，在消費的同時選擇真正需要的，而且使用之後絕對不會後悔的物品。

我也不自覺開始想要更完美

　　經歷了千辛萬苦，看似還沒結束的新家終於佈置好了（也許吧！）相信很多搬家時，也是自己佈置的朋友，肯定跟我有同感，家的佈置是沒有盡頭的，只是暫時停止而已，在我看來依舊有不滿意的地方，當然也有感到可惜的地方，不過該是時候停止了。因為對我們來說需要的物品，都已經擺放在它們適當的位子，應該沒有任何問題了。但是就在不久之前，我才在那怨嘆，我們家所有的燈光我都不滿意啊！

　　因為住在澳洲的期間已經適應了黃光，起初感覺那個黃色燈光很昏暗，還想換掉它，結果不知不覺間喜歡上了那種昏黃的氛圍。所以在佈置韓國住家的時候，我完全不能適應明亮白皙的LED燈，想說單純把燈泡換成黃光也可以，但因為是一體成型，更換也困難。我苦惱了好幾天，還和老公把天花板的照明拆開研究，就算只換燈泡，天花板也須再次粉刷。

　　即便在這種情況下我的慾望還是蠢蠢欲動，我不指望其他地方改變，只要將客廳照明換掉就堪稱完美了。不！等等⋯完美嗎？我想要用極少的物品生活，想把家

佈置的更好，但我可不希望我的生活要多完美才行。

再次打起精神，我決定讓天花板的照明，原封不動地發揮它本來的作用。那段期間我在深夜裡開燈覺得太過明亮、刺眼，就把寢室裡的落地燈挪到客廳使用，久而久之也習慣了，若是要我重新買燈，我一定會非常挑剔的貨比三家，因為我自己說過要做到極簡生活的，要強忍住購物和不必要的浪費，我決定用現成的燈解決我的問題。

這樣做能讓我生活態度更接近極簡生活，擁有更少的物品，換來愉悅的心情，這點忍耐不算什麼。所以若要購物真的是經過慎重考慮，計畫過後才會購買。要能做到這種程度，你才會滿意被你帶回來的所有物品。

不過就算這樣，其中難免也有遺憾、後悔的時候。認為需要才買的物品，對於「真的一定有需要嗎」的問題也很難果斷地回答。因為無法捨棄便利性，有時也會單純因為喜歡而買。不過我不愧疚，不管我做了怎樣的選擇，難免會有後悔的時候。雖成為了極簡主義者，不過我依然很善變、經常改變心意、馬上就會厭倦，因為

我是一個看到新物品眼睛就會發光的人啊。

　　像我這種人，就算只享受了一年多的極簡生活，我也會很滿意的給自己鼓勵。「要怎麼做，才能過著我所嚮往的生活？」「要怎麼做才能將物品減至最少？」「要怎麼做才能成為真正的極簡主義者？」老實說在寫這段的時候我也嚇到了，如果是以前，我只會歇斯底里問自己為什麼只能做到這樣，然後不停自責，但我現在卻要給自己愛的鼓勵！

　　直到我生命終結的那天，會有無數的丟掉和購買。現在只是邁開幾步而已，要走的路還遠的呢！不過份勉強，我想要持續變得更好，一直到變得更強大的那天！

Chapter5

明天的我依然在為
極簡生活努力著

物品斷捨離的新標準

　　我清理物品的標準很明確，不會留下不需要和不喜歡的。因為生活中擁有太多不必要的東西了，幾個月以來，光用這套標準就清理了很多物品。但是清了又清，依然還有要丟的東西。不過從某一刻起，有很長一段時間就像堵塞的道路，似乎不是很順暢。因為要走的路還很遠啊！要再用以前的標準來清理物品，明顯不足。

　　需要一個新標準了，說不定是需要對物品更果斷、更強而有力的態度，我秉著一定要清掉的信念，來仔細審視這些賴著不走的物品。

喜歡的東西就是真的喜歡嗎？

不知道有多少東西是以「喜歡的東西」為由而留下的，從小巧可愛的公仔，到好久以前充滿回憶的物品。這些不需要、連用都沒用的物品，都是以喜歡為由而收在箱子裡。我譴責這樣的心態，把這些喜歡的物品從箱子裡拿出來看了看，又原封不動放回原本的位子，這種事反覆了好幾次。在新的檢視標準下，決定不再擁有僅是喜歡而不實用的物品之後，那個表面剝落不好用的米奇鑰匙圈、印有國中校名生鏽的徽章、留著不玩的小玩具，現在全都能丟掉了，終於等到這瞬間了！

將面臨被丟掉危機的物品放在書桌上，一樣一樣拍照。大部分的物品也都太老舊，不然就是髒髒的無法送人，就直接丟入垃圾桶裡。喜歡的物品雖然一下子成了垃圾，不過神奇的是，我居然一點都不感到可惜。難道說我口中說喜歡而想保留的物品，不過是不想丟掉的一個藉口嗎？

箱子內的物品正慢慢地消失，就像一開始我成為極簡主義者時，我們家騰出了空間，而填滿清出空間的正是清爽和舒服的心情。

總有一天也許連箱子都不會有吧，不過在現在仍有些許雜亂的情形下，依舊會有物品不小心被留下來。雖然現在只留下我喜歡的物品，但這些物品真的對我有意義嗎？老實說我也不知道，今天就先清到這裡吧！

物品就只是物品

物品給我帶來便利性，也提高了生活水準和工作效率，有助於更輕鬆的生活，光一天裡就有數十次要依賴各種物品幫助。雖有想過沒有物品的生活，不過實際上一天沒有物品就無法生活下去。所以靠著比之前少了一半的物品，過著比之前更好的生活，這種生活我真是太滿意了。

就算是同樣的極簡生活，還是有每個人各自重視的部分，而我特別執著在清理物品。因為比起其它事，我感受到從小時候就培養的消費慾望，漸漸地消失了，也了解到捨得所帶來的喜悅，也認知到在清空的空間裡，

能填滿的不再只是物品。

在那空間裡，慢慢填滿的是我生活的重心，就是要放過自己，並且好好享受生活。也自動改過愛亂買東西的壞習慣，其實這點對我最為重要。拋棄了長久以來因為慾望所產生的焦慮感，而且還脫離了總是在乎外在視線的不安感，現在的我終於可以大聲說：「我做得很好！我戰勝了自己」。

現在我對物品的態度才變得確實，了解到我所擁有的物品絕對不能代表我，記得最重要的永遠是自己，而不是物品，所以對物品不要花費過多的感情和精力。

如果是為了幸福又安穩的生活、提高工作效率，所必需要擁有的物品，而且會認真使用，充分使用完畢後就扔掉，那就是物品的用途。

我想像賈伯斯一樣，
每天都穿同樣的衣服

　　史蒂夫•賈伯斯是我所知最有名的極簡主義者。他總是穿著相同設計的高領針織衫和牛仔褲，還有newbalance運動鞋，就像是他的制服般。連在新品發表會，這代表性服裝（Signature Look）也沒改變過。他的服裝跟他的公司一樣聞名，為了專注在工作上，極簡生活讓賈伯斯更加耀眼。

　　成為極簡主義者的我，想效仿賈伯斯減少衣物，並建立我的代表性服裝。其原因很簡單，比起把時間花在衣服上，我比較想集中在工作上，增加更多時間做我想做的事。我花了約一年左右的時間清理衣櫃，之後又再將衣櫃重新整理好，放入適合我的服裝，消耗我不少力

對於書裡的我有代表
性的服裝，我也懷抱
著羨慕之情……

氣和時間。

以前在購物血拼時都沒這種感覺，現在的我卻很捨不得把時間花在買衣服上，「乾脆自己做衣服來穿，更能節省費用和時間」，就算這麼想著，不過也不可能馬上就做好一件衣服。如果像賈伯斯一樣，喜歡的衣服一次買個十來件來穿怎麼樣？就可以好幾年都不用再買衣服了吧。

可是我不是賈伯斯，難免擔心若是每天都穿著相同的衣服好嗎？「爸媽看到應該會擔心我，是不是日子過得不好」、「社區裡的人應該也會對我指指點點吧」、「朋友如果每次看到我都穿一樣的衣服，又會是怎麼想呢？」針對這些問題我依舊無法克服。

「有幾件衣服」、「穿怎樣的衣服」、「其他人會怎麼樣看我」，在實施極簡生活的這段時間，我開始不再重視這些問題。現在的我會思考「我是個怎樣的人」以及「未來想過怎樣的生活」、「該如何改變能夠使生活過得更快樂」。因為他人用外表來評斷我這個人，對我的生活並不會有所改變，不如把時間拿來想想晚上要

吃什麼，對我來說還比較有意義。

　　正如我的想法，我開始不會在意要穿什麼樣的衣服。不，就算我每天都穿相同的衣服，也不會覺得奇怪或擔心別人眼光。因為其實連我自己，也不會在意別人穿什麼，你就是你，這事實是不會變的。

　　雖然目前我還沒有代表性的服裝，但不再只是為了穿給別人看，目的是想要保持衣櫃的簡樸和整潔。穿相同衣服的日子變多了，雖然經常洗衣服所以衣服比之前耗損得還快，不過自從我只留下適合我的衣服後，「這件適合我嗎」、「會不會看起來很胖」、「不會太花俏嗎」，這種疑問不曾出現了，也越來越不在意外表了。也能跟別人展現出自信、自在的樣子，聽到朋友說這種簡潔俐落的風格很適合我時，我感到很欣慰。

成為極簡主義YouTuber

　　在決定成為極簡主義者之後，我想要記錄下我的感受和變化，覺得這種前所未有的大改變，一定要記錄下來。當時我使用了一個「kakao brunch」的平台，開了一個全新的頻道，專門上傳與極簡生活有關的內容。文章也很幸運地總是在入口網站的主頁上曝光，有了觀看人數，我也開始有信心。才知道原來有這麼多人和我有相同煩惱，也對極簡生活感興趣。從那之後我就直接將我的經驗寫出來，也想以那些內容為基礎製作成影片。

　　我並非第一次經營YouTube頻道，之前和老公去逛澳洲的景點時會拍攝下來，上傳到與澳洲有關的旅遊頻道。

偶爾去約會時所拍攝的影片，大概因為我只是抱著試試看的心態，所以觀看人數並不多，也沒什麼人訂閱就漸漸荒廢了。與投入的時間相比，結果並不成正比。

　　不過我這次是想好好地經營YouTube，想要述說身為極簡主義者，在實踐極簡生活的精神和故事，就這樣我成為了極簡生活的YouTuber。

　　因為之前當YouTuber有失敗過，所以一開始並不對頻道抱持太大的期待。將那些極簡生活的內容一一化為影片，光把文字做成影片會有侷限，因此我創了一個人物，借用動畫的形式呈現，我的動畫角色也是在製作部落格影片的那天誕生的。

　　我的影片就跟大部分的YouTube頻道一樣，起初沒什麼反應。直到上傳第二支影片後，觀看人數才超過10位。但我也覺得很慶幸，第三支、第四支影片一上傳，觀看人數就衝到100位，漸漸開始有反應了。在20天內有一百名訂閱者，隔週就來到了一千名。從某一刻起，就好像有人在等待著收看我的影片一樣，只要影片一上傳就會收到留言：「真有趣」、「很有幫助」。

　　也多虧有人感興趣，我用更加愉悅的心來製

作影片。就這樣，我已經是位有三萬五千人訂閱的YouTuber了。這種情形還是第一次，令人難以置信。

我在成為YouTuber後感受到很大的成就感，訂閱者們在看了我的影片後開始實行極簡生活，看到因我的影片賦予了動力，開始著手清理物品、打掃的留言時，一邊感受到「原來和不認識的人們，有了共鳴是這樣的心情啊」，然後一邊擔心我的影片會不會傳遞給人們錯誤的訊息，因為比起他們的期待，若實際執行後卻失望怎麼辦，想到這我就會有點不安，不過也因為如此，我發誓要努力成為一位更好的極簡主義者及YouTuber。

突然，我腦中閃過一個想法：「我透過YouTube真正想傳遞的故事是什麼？」是想告訴大家「成為極簡主義者就是這麼棒」嗎？還是想分享我的極簡日常生活？我思考了好久，直到最近才找到答案。就跟這些觀看我影片的人一樣，我的主題不就是「希望做些什麼能使自己變得更好」不是嗎？

過著學習、工作、家務的生活一定很沉重，不過只要清理物品、寫寫短文、用鉛筆或原子筆在紙上盡情地揮灑、製作影片上傳到YouTube分享、或是研發新的食

譜等,在忙碌且一成不變的日常生活中,利用這些開心的小事獲得解脫,盼望用小確幸讓生活變得更加輕鬆。

當我把畫在插畫本上的月曆,貼到牆上並上傳到YouTube,雖然直接買一個漂亮的月曆是最簡便的方法,不過親手做出獨一無二的東西,也是個很不錯的經驗。有人看了那支影片説:「我也要來試試看」,為此我感到很開心。能讓他人產生那種想親自嘗試的心情,對我來説就是最大的成就感。教他人不用花錢就能讓生活變開心的方法;教大家動手做東西就能當禮物送人,這些是我現在的目標。

就像爬山時總會後悔為何自己要來,但攻頂又會很有成就感。學到了一道新的料理時也會很開心,在舒服的家裡輕鬆看一本小説也會感到幸福。相信很多人覺得活著很累很煩,口中説著我現在什麼都不想做。不過我希望大家一起努力,思考一下能做些什麼改變,讓自己過得更快樂。而現在的我也是過著清理物品後,再次購入、煩惱、思考及幸福的生活。

然而每次體會到極簡生活所帶來的一些更好的改變

時，就想透過影片、文字、圖畫保存下來。如果要問我現在的夢想是什麼，我希望我改變的過程能帶給他人力量，也希望他們能開心地觀賞。

找到適合我的生活方式

　　我正努力用最少的物品來生活，舉例來說，我原本打算買一個收納盒，想放在電視櫃的抽屜裡，因為抽屜的空間很深，所以放進去的物品會攪在一起。即便物品不多也是會造成這樣的情形，後來我想到可以利用其它物品的包裝盒，在之前會馬上被我視為垃圾，不過拿來放進抽屜裡當收納盒使用，倒是件相當有用的物品。當物品的量減少後，不需要收納盒了，再將包裝盒丟進資源回收。

　　減少了原本塞滿生活空間的物品，雖然兩個人只用兩個衣櫃還是略嫌不足。不過就算這樣我還是不想增加收納衣服的空間，替代方案就是每天都要特別注意，不要購入不需要的衣服，避免衣櫃空間不夠，現在留下的

就是最適合我的生活用品。

只擁有真正需要的

以前我的書桌上隨時都有筆筒，而且還好幾個。
4B鉛筆、原子筆、好幾把美工刀、麥克筆和色鉛筆，
這些美術用品都插滿在筆筒裡，佔據了書桌上大部分的
空間。之後我買了一個大型分格筆筒，雖然這選擇是為
了桌面的整潔，不過漸漸它的用途就如同收納盒，只為
了把物品藏起來。書桌上凌亂不堪也都是因為這些傢伙
們，所以我決定來清理大型分格筆筒。

現在只留下必要的東西，我依照各個工具的用途各
只留一個：一把尺、一把美工刀、一枝鉛筆、一枝自動
鉛筆、一枝原子筆一個個擺好。也有很多枝筆墨水乾了
寫不出來，因為一段時間沒用了，打開筆蓋確認筆的狀
況後就清理掉了，現在真的只留下需要的。大塊頭的收
納盒消失了，用塑膠咖啡杯來當筆筒，書桌瞬間變整潔
了。

回到韓國的時候也一樣，不再需要筆筒或桌上型收納盒。在我們家餐桌兼工作空間的書桌上，放一個筆筒是奢侈的。現在我將所有需要的物品，全都放進一個收納包，A5大小的旅遊盥洗包裡面，只放進了各種用途最少的物品－色鉛筆、原子筆、不同粗細的色鉛筆、自動鉛筆、紙膠帶。裡面還放了存有數位憑證的USB和OTP卡，以及工作用的抗藍光眼鏡。

因為只留下需要的，文具用品佔桌子空間減少到只剩十分之一。每次東翻西找物品浪費時間的事也消失了，因為需要的東西都已經裝進了這個收納包裡。也不用再花時間來整理書桌，也沒有需要清理的東西，真的是太方便了。

因為用收納包代替筆筒，外出工作時只需要帶著這個收納包就可出門，回來時只要把它再放回桌上，或是專門保管的收納櫃裡就行了，簡單又便利！只擁有需要的東西，就能讓你體會到這種輕鬆餘裕感。

註：OTP卡的全名是one-time password(一次性密碼)，用於增強交易安全。

化妝品配合用途也只需各一個就好

我很喜歡看美妝YouTuber們教化妝的影片，不管有沒有常化妝，看了影片後想買的化妝品多到不行，其中我最喜歡買的就是眼影調色盤。時尚又粉嫩的眼影，總是動搖我的內心。因為就連外盒也很好看，所以想收藏的慾望不斷竄出。

「啊，好想要！」

不是「想用用看」而已，只真的想要擁有它。

結果我買了兩個眼影調色盤，果然也沒有好好使用它。不管怎麼擦，出來的效果就是不適合我，跟著彩妝教學化也不自然。我又不是彩妝師，想學習把妝畫好也覺得好難。最終就像小孩子一樣，把媽媽梳妝台上的化妝品拿來玩個幾次後，就放入抽屜。雖然偶爾也是會把眼影拿出來使用，但也總是在數多種顏色中，只使用適合自己的一兩種顏色而已。這樣就不應該買有各種顏色的眼影調色盤，只要買想要的顏色就好了啊！

現在的我不再畫眼影了，也不畫眼線了。我就只化我最常使用的：防曬乳、BB霜、眉筆、口紅，就這四個步驟！五分鐘能就能完成的簡便妝容，這也是我能做的最大值。

當然化妝品我也只持有需要的數量，化妝包裡分別裝有一個髮帶、髮夾、護唇膏、口紅、護手霜。外出時也都是帶能方便放進包包的物品，出門的時候只需將這一個化妝包放到包包就行了，平時需要的也都在裡面，在家中也不需要花時間找每個物品放在哪裡。

利用整理來抒壓

過去的我每當感受到壓力，或是被負面情緒所籠罩的時候，我都是靠吃或購物來發洩，心裡的不滿總是要找東西來填滿它。

在數年前的職場生活裡，曾因為我判斷失誤造成廠商損失。對犯下荒唐錯誤的我，真的非常懊悔和生氣，很想好好發洩壓力，卻也沒有能快速消除壓力的方法。所以我在加班前到外面一口氣買了五個非常昂貴，平時不會買來吃的高級杯子蛋糕，然後回到辦公室座位上一

次全吃光光，把杯子蛋糕和壓力全部一口一口吞掉。

　　結果心情變好了，不過也不清楚是不是因為杯子蛋糕的關係。也有可能是出去走一走吹吹風，心情就好多了。也有可能是看到大街上那些充滿活力的人們，心情也受到了激勵，又或許是漆黑寧靜的夜晚安撫了我，當然最有可能的就是花錢這件事，使我心情變好。

　　而現在的我只要感到壓力就會反向行動，當思緒複雜或問題難以馬上解決時，就會立刻起身去整理衣櫃、倉庫、收納櫃等，這樣做能使我煩悶的思緒馬上平靜下來。

　　這不是在說清理就是萬靈丹，只是我是個很感性的人，很多時候我很容易就陷入負面情緒，一直鑽牛角尖走不出來。每當這時候我就會以清理的名義，來審視我所擁有的物品，只要把注意力集中在這上面時，不知不覺負面的情緒就平復下來，並感受到思緒和內心經過了一番整理。

　　不能集中的時候也是一樣，就算是和昨天同一個衣櫃，依然像習慣般審視我的衣服，找到能再整理的就好

好整理，不過不會想要購買任何衣物，因為這不是我的目的。

　　整理之後再來面對要處理的工作，就能夠再次專注。整理不用花錢，但也能為我的大腦帶來愉悅感，對我來説再也不需要其它有助於專注力及腦力的營養品了！

選擇想要的生活，
就像打包旅行的行李

　　我大部份時間都是得過且過、隨波逐流的過日子，總是不自覺想跟別人比較，也曾在職場或人際關係中，扮演著自己不想擔任的角色。大部分來說都是當時最好的決定，從那之後的生活裡做了無數的選擇，那些不好不壞的結果，使我過著渾渾噩噩的生活。之後我第一次選擇了自己想要的生活方式，那就是極簡生活。

　　在開始了極簡生活後，因為沒有過多的消費，感覺有點無趣，什麼都要親自動手做，雖然變得麻煩，但每天過著以往沒享受過的自在，才發現……啊~~~原來這才叫生活。

　　在身為極簡主義者生活之前，「生活方式」這個

詞，就讓我覺得莫名的遙遠和困難。

其實我根本就沒想過要用什麼方式來生活，每天都忙著專注在「今天的我」。真的非常偶然，而且很突然就決定要成為極簡主義者。雖然一開始不知道該怎麼做而感到茫然，不過打從隨身物品開始清理的同時，自然而然就知道了該怎麼做。極簡生活填滿了我的生活，並斷絕浪費和囤積過多的物品。

就像打包旅行的行李

旅行期間將我所需要的物品放進行李箱，若放不下就減少，經營生活方式也是一樣。生活的期間必須在一定的空間裡，使用最為需要的物品即可。

出國之前我也必須先選擇要帶的行李箱尺寸，然後再做決定要裝些什麼。起初因為太貪心，想說要不要選越大的行李箱越好。因為小的行李箱看起來好像裝不下所有需要的物品，好像越大就越方便。不過我持有的物品實在少得離譜，必須要花上許多時間，才能將行李箱填滿。而且行李箱越大越重，旅行時也會很辛苦，所以我選擇了一個尺寸剛好的行李箱。

我選擇的行李箱已經被物品塞到蓋子都蓋不起來了，打算清出一部分後再蓋起來，不過卻仍然不容易。我仔仔細細地由小到大的物品都翻過一遍，並把不需要的東西果斷地拿掉，然後把需要的東西一件件地放回去。填滿行李箱的工作目前還在進行中，不過不想操之過急。行李打包必須謹慎，這是不會使日後後悔的方法。

我選擇的麻煩生活

我過著用選擇的方法，來面對我的人生，雖然我很滿足改變後的生活，但偶爾這種生活也是很麻煩的。想要減少垃圾，卻也要找尋替代物品，而有的產品也感到很陌生。為了減少使用塑膠，每次去買菜的時候就要準備購物籃等，提著一大堆東西也確實不方便。用毛巾來代替經常卡水垢、清潔不便的餐具瀝水架，也為了減少餐巾紙的使用，主要都使用抹布，而清洗次數也比平常來得頻繁。

在買東西也因為變得過度謹慎，感覺自己很像奧客。各種不便一點一點累積的同時，我也產生了懷疑，「這樣做會有什麼不同嗎？」不過很明顯的是，改變最

大的就是我的生活。不知不覺間習慣了這樣的不便性，垃圾比過去要少了，雖然變得有點麻煩，但生活上並沒有問題。多虧了變輕鬆的人生，就算麻煩、不方便我也能夠忍受。

為了我的人生！

極簡生活滲透了我的人生，無形中改變了我。慶幸的是我很滿意這有點不一樣的人生，也很喜愛改變過後的樣子。現在雖然說我是「極簡主義者」，但卻跟其他極簡主義者有點不一樣，也有許多不足之處。不過不需要比較，不管是不是極簡生活，更重要的是否依據我想要的方式生活。

在流逝了許多時間後，說不定我的生活有別於極簡生活，但那也沒關係，因為我已找到適合且專屬於我的生活方式。不貼上任何標籤也無所謂，也不會有比較的心態，不管怎樣的未來，都不能定義「更完整的我」！

所以家事有做得更好嗎？

　　和下了班回到家的老公一起吃晚餐，今晚的菜單
有剛煮好熱騰騰的白飯、豬肉咖哩、炸豬排、海苔以
及泡菜。現在的我，就算不看咖哩和炸豬排的食譜，
也能輕鬆做出來。老公洗完手、換完衣服後，我們就
開始享用晚餐。老公對我做的料理讚不絕口，我感到
很有成就感。此時此刻的我，完全沒想到準備晚餐的
辛勞和時間以及等等隨之而來的家務，只沉浸在這短
暫的晚餐時光。

　　晚餐一結束，就把吃完的碗盤放進水槽裡。我開
心的哼著歌站在水槽前，戴上了手套。這時老公說：
「我來洗碗」，聽到這句話的我瀟灑地接受並讓位給
他，跟他說：「麻煩你囉～」我現在才知道，家務不
用全部都自己一個人承擔。

接著老公就在天然菜瓜布上，抹上廚房肥皂搓出泡泡後，開始刷洗放著炸豬排而油膩膩的碗盤，接著清洗沾附了黃澄澄咖哩醬的碟子和泡菜碟。相較於寬大的水槽，沒幾個碗盤不到十分鐘就清洗完了。把擦過餐桌的抹布放到水槽後，我就去看電視了，老公看到我放在水槽的抹布，就順手把它洗起來晾乾。

　　「我全洗完了！」

　　結束洗碗的老公表情依舊，心情不好也不壞，我也是。多虧老公幫我洗完了，雖然有點小開心，不過沒有到超級興奮，因為這是常有的事。

　　現在我們不會再為了洗碗和家事爭吵了，原因很簡單，因為我不再討厭做家事了。

　　我因為討厭做家事，所以決定成為極簡主義者，真的就只有這一個原因。我想要的就像現在一樣，變得不討厭做家事，當然這不是一天就能改變的，我一年來為了減少物品，不斷努力清理、清了再清。相同用途的物品，家裡絕不會出現兩個，使用具備好幾項用途，也不會在保管及收納上造成困擾的物品。

製造出的垃圾要更少、並能夠長久使用的物品。就算要購買新的物品時，也適用相同標準。意識到生活中只需擁有必要的物品，就會特別在意物品增加這件事。廚房的整理時間自然也能縮短，要洗的碗盤也會減少許多。

做家事的習慣也會改變，過去我們會將要洗的碗盤累積一整天，到了晚餐吃完後才一起洗。其實在料理時，真正會使用到的器具沒幾個，一個裝食材的盤子、一根混合醬料的湯匙、一塊砧板、一把刀，不過若加上吃完飯後要洗的碗盤，數量就多了一倍，當然連洗碗的所需時間也是多了一倍。因為每次都要洗這麼多碗，當然會厭倦，討厭家事也是很正常的。

現在就算只有一把刀要洗，也會馬上把它洗起來。因為不拖延，所以洗碗的時間也減少了。比起累積多一點一次洗，該洗的時候立刻洗好更為簡便，現在在煮火鍋、煮飯時，隨時有多餘的時間，就會先把器具洗好。

這個方法也能套用在其他家務上，不要訂定打掃時間，只要一有空就擦拭灰塵或用吸塵器吸地板。這

樣就不用額外挪出時間，也就不會感受到打掃的壓力。因為物品減少了，所以打掃工作變得更加輕鬆簡單，光是把用過的物品歸回原位，也是一種打掃。

利用不拖延的方法，把家務像生活一樣隨時想到就做，自然就成了習慣，感覺到是每天的例行公事，洗臉、刷牙、洗碗和打掃都是一樣的，不困難地面對它，家務就漸漸簡單起來了。

清理物品也成為了習慣，只要一看到物品有堆積起來的徵兆，就會翻來翻去準備清理物品。即便如此，我依舊對家事不是很在行，那也沒關係，因為我也沒打算成為專業家政婦，更沒想過要成為受人崇拜的主婦。我只希望包圍我的生活能變得更單純、簡單一點，僅僅這樣而已。然後，也希望照我所憧憬的生活過日子。

說不定我已經實現了極簡生活的目標，我人生中的每一天都正在變得簡單，也就是表示我不會再討厭做家務了。

我所想的極簡主義者是⋯⋯

我的極簡生活練習

填滿生活空間的不該是物品，而是我生活的重心

作者：南垠實

作　　者　南垠實
翻　　譯　魏汝安
總 編 輯　于筱芬　CAROL YU, Editor-in-Chief
副總編輯　謝穎昇　EASON HSIEH, Deputy Editor-in-Chief
行銷主任　陳佳惠　IRIS CHEN, Marketing Manager
美術設計　S_Dragon
製版／印刷／裝訂　皇甫彩藝印刷股份有限公司

─ 編輯中心 ─

ADD／桃園市大園區領航北路四段382-5號2樓
2F., No.382-5, Sec. 4, Linghang N. Rd., Dayuan Dist., Taoyuan City 337,
Taiwan (R.O.C.)
TEL／（886）3-381-1618　FAX／（886）3-381-1620
MAIL: orangestylish@gmail.com
粉絲團https://www.facebook.com/OrangeStylish/

─ 全球總經銷 ─

聯合發行股份有限公司
ADD／新北市新店區寶橋路235巷弄6弄6號2樓
TEL／（886）2-2917-8022　FAX／（886）2-2915-8614
初版日期 2020年9月